高等学校教材

材料科学与工程实验教程

无机材料分册

郑克玉　何云斌　曹万强　朱艳超　等编著

CAILIAO KEXUE
YU GONGCHENG
SHIYAN JIAOCHENG
WUJI CAILIAO FENCE

 化学工业出版社

·北京·

内 容 简 介

《材料科学与工程实验教程——无机材料分册》主要分三个部分。第一部分为材料制备部分,包括铁电压电材料的三维体材、二维厚膜与薄膜和纳米颗粒的制备实验,无机非金属材料中的水泥和沥青的制备实验。第二部分为材料测试部分,内容有陶瓷材料的表观物理性能测试,含密度、吸水率、气孔率、显微结构、硬度等基本参数的测量实验;介电性能、导电性能和热敏性能等基本电学性能的测量实验;压电陶瓷各种必要压电性能参数的测量实验;还有水泥物理性能的测试实验、其他成分含量的测试实验、使用性能的测试实验;最后为沥青三大指标和路用性能测试实验。第三部分为综合设计,系统地将基本实验或者科研中常用的实验组合成具有特定功能的实验供学生练习。

《材料科学与工程实验教程——无机材料分册》可作为高等院校材料物理专业、电子科学与技术专业和无机非金属材料专业学生的实验教材,也可作为无机材料领域内从事技术研发和测试技术人员的指导书。

图书在版编目(CIP)数据

材料科学与工程实验教程. 无机材料分册/郑克玉等
编著. —北京:化学工业出版社,2021.7(2022.9重印)
高等学校教材
ISBN 978-7-122-38936-7

Ⅰ.①材… Ⅱ.①郑… Ⅲ.①无机材料-材料实验-
高等学校-教材 Ⅳ.①TB302
中国版本图书馆 CIP 数据核字(2021)第 066932 号

责任编辑:陶艳玲 文字编辑:陈小滔 刘 璐
责任校对:田睿涵 装帧设计:史利平

出版发行:化学工业出版社(北京市东城区青年湖南街 13 号 邮政编码 100011)
印 装:北京科印技术咨询服务有限公司数码印刷分部
787mm×1092mm 1/16 印张 12½ 字数 306 千字 2022 年 9 月北京第 1 版第 3 次印刷

购书咨询:010-64518888 售后服务:010-64518899
网 址:http://www.cip.com.cn
凡购买本书,如有缺损质量问题,本社销售中心负责调换。

定 价:39.00 元 版权所有 违者必究

前言

　　为满足无机材料持续增长的应用需求，无机材料制备技术和测试技术不断取得突破性的进步。 特别是新型无机功能材料和无机工程材料的研发，迫切需要掌握无机材料制备方法、结构和性能的技术人才。 在 20 多年实验教学经验积累的基础上，我们结合科研实践和专业特点编写了此书。 全书分为三个部分，包含 66 个实验。 详细介绍了功能电子陶瓷及其薄膜、纳米粉体、水泥和沥青的制备原理及工艺技术，介绍了它们的性能及其测试技术与方法，设计了综合性的创新性实验。 希望读者能够通过实验掌握从材料制备到材料设计的各种制备方法、结构表征手段和性能测试方法，获得实验技能，理解相关原理，学会开展独立的、系统性的创新实验活动。

　　本书的实验讲义使用多年，在教学实践中得到了学生的认可和欢迎，并不断改进和完善。通过不断提炼，本书在实验内容的选择上注重与理论课程的紧密结合，特别是各种材料的制备方法，选用了经典的铁电压电材料中的 PAT 材料、水热法的 PZT 等。 实验方法上，考虑到了材料各个方面的性能，综合了物理性能和材料的特殊功能性能，让所选实验内容具有普遍性和全面性，给学习者提供从事无机材料研究的初步训练。

　　本书的实验内容涉及实验目的、实验仪器、实验原理、实验步骤和数据处理，列出了思考题以便于加深理解，同时对部分实验列出了注意事项。

　　本书由郑克玉、何云斌、曹万强、朱艳超等编著。 编写人员分工如下：郑克玉、曹万强、江娟编写本书第一部分的前 12 个实验和第二部分的前 16 个实验，朱艳超和黄修林编写第一部分的后 5 个实验和第二部分的后 22 个实验，何云斌编写第三部分的综合设计实验。 湖北大学材料科学与工程学院无机材料课题组的其他老师参与了部分实验基础内容的整理与审校工作，全书由曹万强统稿与审定。

　　本书在编写过程中得到了湖北大学材料科学与工程学院的支持，在此表示感谢。

　　由于时间和水平有限，书中难免会有不妥之处，敬请读者批评指正。

编著者

2021 年 1 月

目 录

第三部分　综合设计实验　　161

第一部分 材料制备实验

实验1 电子陶瓷粉料的配料、球磨与混合

一、实验目的

(1) 掌握球磨机的工作原理和操作方法。
(2) 掌握坯料配方的实验原理和实验方案的制订。
(3) 学会根据分子式和成分比例的配方进行配料计算。
(4) 学会使用电子天平准确称量。

二、实验设备及器材

电子天平、行星式球磨机、称量纸、料勺、球磨罐、磨球（玛瑙球）。

三、实验原理

陶瓷制品的性能取决于陶瓷坯体的化学组成和制备工艺，尤其是陶瓷坯体的化学组成起决定性作用。坯料配方设计对于陶瓷制品的性能和以后制备的各道工序影响很大，必须认真进行坯料配方设计和准确称量，并在制备的各道工序中尽量保持配方成分和剂量的一致性，否则将会带来陶瓷制品形状和性能的极大影响。例如锆钛酸铅 $[Pb(Zr_x Ti_{1-x})O_3]$ 压电陶瓷，缩写为 PZT。在 PZT 压电陶瓷相图中，ZrO_2 和 TiO_2 的含量变动，如 Zr：Ti 从 52：48 变到 54：46，则 PZT 压电陶瓷的介电与压电性能变动很大。介电与压电性能较佳的 PZT 压电陶瓷配方组成多半是靠近 PZT 准同型相界线，由于相界线的组成范围很窄，一旦组成点发生偏移，制品性能波动会很大，甚至会使晶体结构从四方相变到立方相。

（一）坯料配方计算

在陶瓷生产中，陶瓷的配料是根据坯料的配方来计算和称量的。常用的坯料配方计算方法有两种：一种是按坯料的实验式直接计算法，一种是按坯料预定的化学组成计算法。

1. 按坯料的实验式直接计算法

配方指各种配料的具体质量，实验式为配方的化学成分的分子式。给定了实验式，如欲配制实验式为 $Pb_{0.93}La_{0.07}(Zr_{57}Ti_{43})_{0.9825}O_3$ 的坯料，需要算出所需各原料在坯料中的质量分数。如采用原材料为 Pb_3O_4、La_2O_3、ZrO_2、TiO_2，计算各原料的质量分数可按表 1-1 的计算步骤，计算结果如表 1-2。

表 1-1 按实验式计算各原料的质量分数的步骤

计算步骤	计算内容	说明
1	由实验式确定各种原料的物质的量 x_i	
2	根据分子式确定各原料的摩尔质量 M_i	
3	计算各种原料的质量 m_i	$m_i = M_i x_i$，不计原料纯度
4	各种原料的质量换算为质量分数 A_i	$A_i = \dfrac{m_i}{\sum m_i} \times 100\%$
5	计算各种原料的质量 M_i'	若配料总量 M $M_i' = A_i M$
6	计算各种原料的实际质量 M_i'	$M_i' = \dfrac{M_i}{P_i}$，P_i 为原料纯度

表 1-2 按实验式计算各原料的质量分数的实例

原料	物质的量/mol	摩尔质量/(g/mol)	原料质量/g	原料质量分数
Pb_3O_4	$\dfrac{1}{3} \times 0.93$	685.57	212.5267	65.057%
La_2O_3	$\dfrac{1}{2} \times 0.07$	325.82	11.4037	3.491%
ZrO_2	0.57×0.9825	123.22	69.0063	21.124%
TiO_2	0.43×0.9825	79.87	33.7431	10.329%
			$\sum m_i = 326.6798$	$\sum A_i = 100\%$

计算中须注意以下几点：

① 原料金属氧化物的物质的量以产品分子式中该种金属的原子数为准，而不考虑其中氧的多少，因为多余的氧加入原料之中，会在烧结过程中放出，不足的氧则能通过氧化而获得。氧化物可换为盐或碱类物质。

② 各料的实际用量之和，应恰好等于投料总量。

③ 原料纯度一般不会达到 100%，各原料实际用量算出后，要考虑纯度并进行校正。

另外，在配料称量前，如果原料含湿量高，则需要进行烘干，或者扣除水分。

2. 按坯料预定的化学组成计算法

当陶瓷产品的化学组成和采用原料的化学组成均为已知，但原料含有烧结过程中可挥发的水或者气体，如何计算配料量？用逐项满足的方法，求出各原料的引用质量，算出各原料的质量分数。下面举个实际例子。

已知坯料的化学组成（表 1-3）为：

表 1-3　坯料的化学组成

化学组成	Al_2O_3	MgO	CaO	SiO_2
质量分数	93％	1.3％	1.0％	4.7％

所用原料为氧化铝（工业纯，未经煅烧）、滑石（未经煅烧）、碳酸钙、苏州高岭土，且设氧化铝、碳酸钙的纯度为100％，滑石为纯滑石（$3MgO \cdot 4SiO_2 \cdot H_2O$），其理论质量分数为31.7％ MgO、63.5％ SiO_2、4.8％ H_2O，苏州高岭土为纯高岭土（$Al_2O_3 \cdot 2SiO_2 \cdot 2H_2O$），其理论质量分数为39.5％ Al_2O_3、46.5％ SiO_2、14％ H_2O。求其质量分数的方法如下。

① 配方中的 CaO 只能由 $CaCO_3$ 引入，因此引入质量为 1（以 100 为基准）的 CaO，需 $CaCO_3$ 的质量为：$m_{CaCO_3} = 1/0.5603 = 1.78$，其中 0.5603 为 $CaCO_3$ 转化为 CaO 的转化系数。

② 配方中的 MgO 只能由滑石引入，因此引入质量为 1.3 的 MgO 需要的滑石质量为：$m_{滑石} = 1.3/0.317 = 4.10$。

③ 配方中的 SiO_2 由高岭土和滑石同时引入，所以，需引入的高岭土质量为：$m_{高岭土} = (4.7 - 由滑石引入的 SiO_2 质量)/0.465 = (4.7 - 4.1 \times 0.635)/0.465 = 4.51$。

④ 工业 Al_2O_3 的引入质量为：$m_{工业 Al_2O_3} = 93 - 由高岭土引入的 Al_2O_3 的质量 = 93 - 4.51 \times 0.395 = 91.22$。

⑤ 引入原料的总质量为：$m_{总} = 1.78(CaCO_3) + 4.10(滑石) + 4.51(高岭土) + 91.22(工业 Al_2O_3) = 101.61$。

⑥ 配方用原料的质量分数为：$w_{CaCO_3} = (1.78/m) \times 100\% = 1.75\%$，$w_{滑石} = (4.1/m) \times 100\% = 4.04\%$，$w_{高岭土} = (4.51/m) \times 100\% = 4.44\%$，$w_{工业 Al_2O_3} = (91.22/m) \times 100\% = 89.77\%$。

（二）混合

原料称量后，要通过球磨机进行混合。对原料进行球磨的目的主要有两个：一是使物料粉碎至一定的细度；二是使各种原料相互混合均匀。陶瓷工业生产中普遍采用的球磨机，其形式多种多样，但主要原理是靠内装一定研磨体的旋转筒体旋转来工作的。当筒体旋转时带动研磨体旋转，靠离心力和摩擦力的作用，将研磨体带到一定高度。当离心力小于研磨体自身质量时，研磨体落下，冲击下部研磨体及筒壁，而介于其间的粉料便受到冲击和研磨，故球磨机对粉料的作用可分成两个部分：一是研磨体之间和研磨体与筒体之间的研磨作用；二是研磨体下落时的冲击作用。

影响球磨质量的主要因素有下面几点。

（1）球磨机转速。当转速太快时，离心力大，研磨体附在筒壁上与筒壁同步旋转，失去研磨和冲击作用。当转速太慢时，离心力太小，研磨体达不到应有高度就滑落下来，没有冲击能力。只有转速适当时，球磨机才具有最大的研磨和冲击作用，产生最大的粉碎效果。合适的转速与球磨机的内径、内衬、研磨体种类、粉料性质、装料量、研磨介质含量等有关系。

（2）研磨体的密度、大小和形状。应根据粉料性质和粒度要求全面考虑，研磨体密度大可以提高研磨效率，而且直径一般为筒体直径的 1/20，且应大、中、小搭配，以增加研磨接触面积。圆柱状和扁平状研磨体，因其接触面积大，研磨作用强，而圆球状研磨体的冲击力较集中。

（3）球磨方式。可选择湿法和干法两种。湿法是在球磨机中加入一定比例的研磨介质（一般是水，有时也加有机溶剂），干法则不加研磨介质。由于液体介质的作用，湿法球磨的效率高于干法球磨。

（4）原料、磨球、水的比例。球磨机筒体的容积是固定的。原料、磨球（研磨体）和水（研磨介质）的装载比例会影响到球磨效率，应根据物料性质和粒度要求确定合适的原料、磨球和水之间的比例。

（5）装料方式。可采用一次加料法，也可采用二次加料法，即先将硬质料或难磨的原料加入球磨机研磨一段时间后，再加入黏土或其他软质原料，以提高球磨效率。

（6）球磨机的直径。球磨机筒体大，则研磨体直径也可相应增大，研磨和冲击作用都会提高，故可以大大提高球磨机粉碎效率，降低出料粒度。

（7）磨球和筒体内衬的材质。一般采用耐磨材料，以减少内衬材质落入粉料中，可避免引入杂质，且能延长球磨机使用寿命。

（8）助磨剂的选择和用量。在相同的工艺条件下，添加少量的助磨剂，使其紧密地吸附在颗粒表面，从而使粉体颗粒的表面能降低，减少团聚。另外，助磨剂进入粒子的微裂缝中，产生劈裂作用，可使粉碎效率成倍地提高。可根据物料的性质加入不同的助磨剂，其用量一般在 $0.5\%\sim0.6\%$，具体的用量可在特定条件下，通过实验来确定。

（9）球磨时间。球磨机的做功原理是磨球通过自由落体和滚动摩擦来研碎粉料的，球磨往往需要较长时间达到需要的细度。球磨时间长短，与诸多因素有关，如粉料的初粒度、硬度、脆性；球磨机筒体的大小；转速的快慢；磨球的尺寸、形状、质料；等等。球磨时间要结合前面的各因素制定。

四、实验内容和步骤

1. 配料

（1）根据产品性能要求，制备坯料的化学式为 $Pb_{0.95}Sr_{0.05}(Zr_{54}Ti_{46})O_3$，确定所选用的原料。

（2）根据上述按坯料的实验式直接计算的方法进行配料质量计算。

（3）将球磨罐、磨球事先洗净，磨球按大、中、小搭配，放入球磨罐中。

（4）利用电子天平准确称取所需原料，一次性加入球磨罐。注意"中间小，两头大"的称量顺序，即先称量大的原料，再称量小的，最后称量大的，保证量少的原料能均匀混合在粉料里。

2. 混合

QM-3SP2 行星式球磨机广泛用于陶瓷、建材、科研、高等院校等领域的实验室中进行研磨粉剂，其研磨罐体旋转速度可以从 0r/min 调至 1400r/min。其具体操作步骤如下。

（1）操作前，先检查球磨机电源开关是否已关，调速旋钮是否旋至最低挡，计时器是否调至零位。

（2）按一定比例加入研磨介质（蒸馏水），有需要还可加入助磨剂，原料：磨球：水的比例约为 1：（1.5～2.0）：（0.8～1.2）。注意：装料不能太满，最多至罐体 2/3 处，然后盖紧压盖，以防液体外溢。将球磨罐对称安全地固定在球磨机上。

（3）将电源接通，观察面板上电源指示灯是否已亮。确定已通电后，根据粉料性质和粒度要求在操作面板上设置转速大小、球磨时间、球磨方式（正、反转及间隔时间）。

（4）设置好后，按启动按钮，机器开始做低速旋转，观察罐体是否已密封好，而后可根据需要将速度调至任一速度挡。

（5）研磨完毕，按停止按钮，关掉电源开关，以防误操作。

注意事项：

（1）称量前必须仔细阅读电子天平使用说明书。

（2）称量准确，速度要快，避免粉料再次吸潮。

（3）球磨机只适用于220V交流电源，不得使用其他电源。

（4）调速时，必须先扳动调速开关至"ON（开）"位置，然后轻轻旋转调速开关，进行调速。

（5）操作时，不要将物品遗留在罐盖上，以免开机后，物体飞出伤人。

（6）研磨机开始工作后，现场不能离人。球磨机停转后，稍微静置一会，再取出球磨罐，以防罐体中气压大，将料浆喷出。

（7）球磨完毕后，打开盖子。将盖子上的浆料刮入球磨罐中，并用去离子水清洗磨球上的浆料，稀释后倒入准备烘干的杯（或瓶）中，多次清洗。

（8）沉淀后，去掉表层的清水，加热烘干。

五、数据记录及处理

记录好配料、混合条件和烘干后粉体质量的各种数据。

六、思考题

（1）试分析影响行星式球磨机球磨效率的因素有哪些？

（2）配料过程中应注意哪些问题？

（3）球磨时应如何考虑加料顺序？

实验2 电子陶瓷粉料的预烧合成

一、实验目的

（1）学会使用高温箱式电阻炉预烧坯料粉体。

（2）掌握电子陶瓷粉料预烧工艺的过程和原理。

（3）了解影响电子陶瓷粉料的预烧温度、预烧时间和预烧气氛等因素。

二、实验设备及器材

（1）KBF1100高温箱式电阻炉。

（2）Al_2O_3陶瓷垫板若干，ZrO_2熟料粉末。

（3）Al_2O_3陶瓷坩埚若干，牛角勺若干。

三、实验原理

1. 预烧的意义

坯料预合成，也称为预烧或反应煅烧。其目的是经过一次高温作用，使各原料或有关原料之间产生预反应。这种预反应通常分为合成反应和分解反应两类。预烧所得的产品称为烧块，是一种反应不完全、疏松多孔、缺乏机械强度的物质。它便于粉碎，有利于第二次配方的研磨和混合。

合成反应是使两种或两种以上的化合物通过高温作用反应生成复杂的化合物，这正是合成陶瓷主晶相的途径，完成晶型转变，形成有利的结晶相。分解反应是使天然矿物质分解成所需要的氧化物，或去除一些有机杂质和高温挥发的无机杂质以及吸附水。分解反应若控制得当，可提高粉料活性，提高合成反应速率。

预烧工艺关键在于控制预烧温度和预烧时间。合理的预烧可使预反应基本完成，而粉粒间未有明显烧结，活性好，可使陶瓷的最终产品具有反应充分、结构均匀、收缩率小、致密、尺寸精确等特性。

2. 预烧过程的四阶段

预烧过程一般需经过四个阶段：线性膨胀、固相反应、收缩和晶粒生长。这里主要介绍预烧过程中发生的固相反应。

合成陶瓷的过程即化学反应进行的过程。这种化学反应不是在熔融的状态下进行的，而是在比熔点低的温度下，利用固体颗粒间的扩散来完成的，这种反应称为"固相反应"。相对气体和液体来说，固相反应更复杂。因为晶格中的离子或原子团活动性较小，而这种活动性又与晶格中的各种缺陷有密切关系。另外，固相反应开始后，便形成一层新的反应生成物，将尚未反应的成分隔离开来，随后只能依靠未反应的组分穿过新的物质层的扩散，才能够继续进行反应。不管固相反应如何复杂，其基本过程都是扩散，因此扩散过程的基本规律在这里仍适用。

为了确定扩散的情况，可将成分中各氧化物压成片叠放在一起，在各种温度下保温，然后取出，对接触界面进行化学分析，通过化学分析可确定扩散情况。

3. 预烧条件的确定

合理的预烧有利于烧结的进行和得到高质量的陶瓷。若预烧温度过高，粉料收缩过大造成预烧粉料结块，平均粒径较大，并导致一些易挥发的成分损失；预烧温度过低，反应不充分，粉料粒度分布较窄，颗粒堆积不够紧密，接触面积不够。所以合理的预烧温度和保温时间既能节约能源，又能得到活性较高、有较宽的粒度分布的粉料，使陶瓷在很宽的烧结温度范围内具有较高致密度且性能优良。

预烧粉料中只要有足够数量的主晶相形成，且粉料不结块、不过硬、便于粉碎即可。

预烧温度可根据 TGA-DTA 综合热分析、XRD 分析和预烧后的粒度分析确定。

由图 2-1 可知，在 $300 \sim 800 ℃$ 时一些有机溶剂和表面水损失，在 $900 \sim 1100 ℃$ 时，滑石 $3MgO \cdot 4SiO_2 \cdot 2H_2O$ 可能发生分解反应，分解成 $MgO \cdot SiO_2$、SiO_2 和 H_2O。

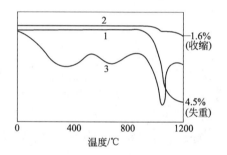

图 2-1 滑石的 TGA-DTA 综合热分析曲线

1—失重；2—收缩；3—差热

图 2-2 是不同预烧温度的 $Pb(Zr_{0.52}Ti_{0.48})O_3$ 样品作 X 射线衍射的结果，从 $800 \sim 1000 ℃$ 的信号强度略有增强，而衍射峰的位置并没有变化，可见在 $800 ℃$ 就基本完成了锆钛酸铅晶体的合成过程。

4. 预烧保温时间的确定

保温时间和预烧温度相辅相成，预烧温度高一点，那么保温时间就相对短一点；反之，则相反。

四、实验内容和步骤

（1）将电源开关及电阻炉开关置于断开状态，电阻炉温度控制器的电流、电压旋钮置零。

（2）将混合好的粉料装入坩埚并稍微压紧，盖上盖板（留有缝隙，利于反应过程中气体的逸出）放入炉膛内中部，接近热电偶端部，微敞炉门。

（3）在 KBF1100 高温箱式电阻炉温度控制器面板上设置预烧温度、保温时间、升温速率，设定好后，闭合电源及控制开关，仪表绿灯亮，开始加热。

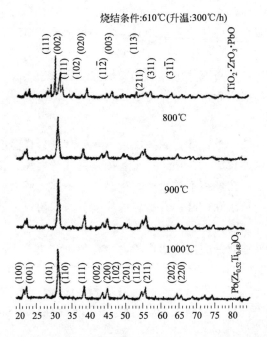

图 2-2　不同预烧温度的 $Pb(Zr_{0.52}Ti_{0.48})O_3$ 样品 XRD 图样

（4）当炉温升至 500℃，关闭炉门。每隔一定时间记录电流、电压及测定温度值。

（5）当温度升高至设定值时，仪表红灯亮，停止加热，处于保温状态。此后，若温度略有下降，低于设定温度值时，仪表绿灯亮，重新开始加热，如此往复，使温度一直保持在设定的预烧温度。

（6）当达到保温时间后，关闭控制开关及电源开关，让制品随炉自然冷却。如果需要控温降温，则使温度逐渐下降至室温，然后切断电源。

五、注意事项

移动或取放物料时，要切断电源，并注意防止高温烫伤。

六、数据记录及处理

待电阻炉充分冷却后，取出试件，作好记录，称量结块的质量，计算烧成收缩率，并根据其相应的预烧制度评价预烧的质量。

七、思考题

（1）试分析影响预烧效果的因素有哪些？
（2）预烧温度如何判定？

实验3　粉体的成型

成型是将陶瓷粉料加入塑化剂等制成坯料，并进一步加工成特定形状坯体的过程，是实现产品结构、形状和性能设计的关键步骤之一。根据陶瓷产品的外形繁简、尺寸大小、性能要求以及陶瓷原料的化学成分、物理性质及生产批量大小等，陶瓷的成型方法有很多种，如干压成型、等静压成型和流延成型。干压成型和等静压成型属于压制成型。由于电子陶瓷的原料粉体均属瘠性，且颗粒粒度很细，用于压制成型时一般需要添加塑化剂（黏结剂）并进行造粒处理，使坯料处在具有一定流动性质的干粉态，从而具有良好的成型性能，获得高密度的成型坯体。流延成型属于流法成型中一种比较常用的方法，使坯料形成流动态料浆，利用其流动性质形成特定形状的工艺。常用此方法制备多层陶瓷电容器（MLCC）。

造粒与干压成型

一、实验目的

（1）掌握干压成型原理和方法。
（2）掌握干压成型所用坯料的处理原理和方法。
（3）了解影响电子陶瓷干压成型坯体的成型性能、压坯性质（密度和强度）的因素。

二、实验设备及器材

（1）Y-30台式压片机，金属模具若干套（$\phi 10mm$、$\phi 20mm$、$\phi 50mm$）。
（2）大搪瓷托盘两只，瓷研钵两套，20目和40目筛若干。
（3）陶瓷粉体 $200\sim300g$，PVA（聚乙烯醇）溶液，无水乙醇。
（4）镊子、牛角勺子、脱脂棉、棉纱、称量天平、脱模用金属垫块若干。

三、实验原理

干压成型时一般需要添加塑化剂（黏结剂）并进行造粒处理，才能具有良好的成型性能。造粒是将磨细的粉料，经过干燥、添加一定比例稀释后的黏结剂，充分混合制成流动性好、粒径约为0.1mm的颗粒。

干压成型是将粉料（含水分 $5\%\sim8\%$）装入金属模具中，在力的作用下加以压缩（通常为单向加压），坯料内空隙中的气体部分排出，颗粒发生位移，逐步靠拢，互相紧密咬合，最终形成截面与模具截面相同、上下两面形状由模具上下压头决定的坯体。

成型坯体内孔隙尺寸显著变小，孔隙数量大大减少，密度显著提高，并具有了一定的强度。

当粉料为很细的瘠性粉料时，将对成型产生不利的影响：一是粉料流动性差和拱桥效应，影响对模腔的均匀填充；二是粉体越细、松装高度越大，压缩比越大，易使坯体密度不均匀；三是孔隙中气体较难排出，易因弹性后效作用使坯体产生层裂。故本实验采用加压造粒法，即将细粉与黏结剂混合后，在18MPa～36MPa压力下压成大块，再弄碎、过筛，制成较粗的、流动性好的团粒。由于团粒与细粉相比尺寸显著增大，体积密度提高，流动性也显著改善。造粒常用的黏结剂有PVA（聚乙烯醇）、PEG（聚乙二醇）、CMC（羧甲基纤维素钠）等，要考虑到黏结剂后续还要烧掉，故应选择挥发性好、残留组分少的黏结剂（如PVA），用量一般为粉料质量的1%～3%。

影响干压成型性能的因素很多，除了粉体的性能外，主要是压制方式、压制时间、保压时间和润滑剂的使用。

（1）压制方式的影响。由于颗粒间内摩擦和颗粒与模壁的外摩擦会造成压力损失，单向加压容易在压坯高度方向和横截面上产生密度不均匀的现象，尤其当压坯高径比值较大时更为明显。为此可采用双向加压或两次先后加压来减少这种现象。

（2）压制压力的影响。当压坯截面面积和形状一定时，在一定的范围内，压力增大有利于压坯密度的提高，但在接近密度的极限值时，再提高压制压力无助于密度进一步提高，且易出现层裂或损坏模具。对结构陶瓷，压力在70MPa～100MPa为宜。

（3）保压时间的影响。为使坯体内压力传递充分，有利于压坯中密度分布均匀，以及有利于更多气体沿缝隙排出，必须要有足够的保压时间。

四、实验内容和步骤

1. 粉料与黏结剂混合

称取粉料约25g置于研钵内，将量取好的PVA（或PEG）水溶液（用量为粉料质量的1.2%～1.3%，并按水溶液的实际浓度折算成水溶液量，黏结剂水溶液浓度一般为5%～10%，过稀会带入水较多，过浓则黏稠难于混合），滴入待造粒粉体内，静置数分钟后用勺子拌和，再用研棒反复研揉，水分多时可短暂放入60～80℃烘箱中烘去过多水分（不可太干），再研揉、过40目筛，研揉、过筛可反复数次（遵循少研、勤筛的原则）。必要时可用快速水分测定仪测其所含水分。

2. 压块造粒

（1）装料。模具由外膜套、上压头（较高）、下压头组成，靠上压头和模套的柱面导向。使用前应检查模具的配合是否良好，良好的配合使上下压头在模套内上下运动、旋转无卡滞现象。留有适当间隙，间隙为气体排出通道，过大的间隙不仅影响压力，而且使粉料被挤入间隙，严重时脱模困难，甚至卡死。用棉纱擦净模套的内壁、上下压头的外柱面和上下加压面，并用镊子夹脱脂棉球蘸油酸无水乙醇溶液在上述表面涂抹一遍，待无水乙醇挥发片刻后，即可装粉。将下压头放入模套内，装入拌有黏结剂的粉料（造粒时不必称量），每次以模内装粉高度不超过模高的1/2为宜，放入上压头，整体置于材料试验机的工作位置。

（2）压制。接通电源，调整好压制压力（18～36MPa），缓慢施压，至所加压力后，保持 0.5min 左右，卸压。

（3）脱模。取出下压头，以平整的金属垫块垫在模套下方。注意下方留有适当高度，垫块不能阻碍内腔中压块、上压头的向下运动，依（2）的方法再一次加压，脱出压块。

注意：脱模后用棉纱擦净模套的内壁、上下压头的外柱面和上下加压面上黏附的粉料（有时黏附较牢，可用镊子刮一刮再擦），务必要全部擦净，否则黏附的粉料在以后的压制中受多次挤压会更硬更牢，严重影响压制甚至损伤模具的配合面。要求每压一块，清模一次。重复下一个压块的压制。

（4）研碎、过筛。用脱脂棉将压块表面的变色摩擦产物或其他污物擦去，放于瓷研钵中，用研棒捣碎成小块再研磨，过 40 目筛。遵循少研、勤筛的原则，使过筛后的团粒的尺寸不致过小。供干压成型的造粒粉料制备完成，装入密闭容器中，以防止水分蒸发。

3.试样成型

（1）装模。压制实验时，用小直径模具进行装模。照压块造粒时的方法，擦净模套的内壁、上下压头的外柱面和上下加压面，并用镊子夹脱脂棉球蘸油酸无水乙醇溶液在上述表面涂抹一遍，待无水乙醇挥发片刻后，即可装粉。将下压头放入模套内，用天平一次称取约适量的造粒粉料，装入模内，稍加振动后再放入上压头。

（2）压制。将装好的模具置于压力机的工作位置，调整好压制压力（18～36MPa），缓慢施压，至所加压力后，保持 1min 左右，卸压，再加压、保压一次，压制完成。脱模后，得到小圆柱状试样。

注意：清理模内壁、压头上的黏附粉料，重复下一个试样的压制过程。脱模和清模的要求及注意点与造粒相同，不再重述。由于压制压力较造粒时大，模腔又小，清模更为费事，要耐心仔细。

4.试样编号标记

将试样分类编号标记，保管好试样以供其他实验用。要求每类试样至少有 20 个合格品。

五、注意事项

（1）各实验小组可分工负责成型若干数量的试样。
（2）操作压机时要有指导老师在场指导，思想要高度集中，防止挤伤手和损坏压机。
（3）实验后，洗净并烘干所用的研钵、筛子、牛角勺子和搪瓷托盘等。

六、数据记录及处理

记录数据，标明压制载荷和压制压力，标号保管好适量的合格品，以备烧结用。

七、结果与讨论

（1）干压成型对坯料的品质要求有哪些？
（2）粉料的堆积密度对成型质量有什么影响？

（3）干压成型过程中坯体性能和密度的影响因素有哪些？

等静压成型陶瓷坯体

一、实验目的

（1）掌握等静压成型的原理和方法。
（2）掌握等静压成型用坯料处理的原理和方法。
（3）了解湿式和干式等静压成型的异同和优缺点。

二、实验设备及器材

（1）DY-30 台式压片机，金属模具若干套（ϕ10mm、ϕ20mm、ϕ50mm）。
（2）大搪瓷托盘两只，瓷研钵两套，20 目和 40 目筛若干。
（3）粉体 200～300g，PVA 水溶液，无水乙醇。
（4）镊子、牛角勺子、脱脂棉、棉纱、称量天平，脱模用金属垫块若干。
（5）等静压成型装置（包括搬入、预热、加压成型、搬出工位）、高压泵、控制装置等。

三、实验原理

等静压成型是通过液体对装在封闭模具中的粉料或预成型体在各个方向同时均匀施压成型的方法，利用液体介质的不可压缩性和均匀传压性，实现均匀施压成型。将粉料装入弹性模具内，密封后将弹性模具连同粉料一起放在具有液体的高压容器中，密封后用泵对液体进行加压，通过液体把压力传递给弹性模具，使粉料压制成与模型相像的坯体。成型坯料含水量一般小于 3％，传压液体可用水或油，能够使坯体均匀受压，克服了在一般压制成型模具中只能单（双）向压制，造成压力不均，坯体内密度、强度不均的缺点，具有结构均匀、坯体密度大、生坯强度高、制品尺寸精确、烧成收缩小、可不用干燥直接烧成、粉料中可少加或不加黏结剂、模具制造方便等优点。所得坯体的密度梯度和残余应力都比较小，对坯体零件的几何形状没有太多限制，可制取形状复杂、H/D（工件高度与径向尺寸比）大的坯体，但典型的成型压力也不超过 550MPa，所得坯体密度比普通模压成型高 5％～15％。根据使用模具不同将等静压成型分为湿式等静压成型与干式等静压成型两种。

湿式等静压成型是将压好的坯料包封在弹性的塑料或橡胶模具中，密封后放入高压缸内，和液体介质直接接触，通过液体将压力传递到成型坯体上而受压成型。模具中的工件将在各个方向受到同等大小的压力，传压液体可用水、甘油或重油等。视粉料特性和成型的需要，模具内压力可在一定范围内调整，实验性研究常在 100～1500MPa 之间变化，生产中常用 100～200MPa。要求高的工件需要作真空处理，其主要用于成型多品种、形状较复杂、产量小和大型制品。

干式等静压成型是湿式的一种改进，是将弹性模具半固定，通过上下活塞密封坯料，所以坯料的添加和坯件的取出都是在干燥状态下操作。压力泵将液体介质注入高压缸和加压弹性橡胶套之间，通过液体将压力传递给加压弹性橡胶套而使坯体受压成型。干式等静压成型其实是在预成型坯体两端（垂直方向不加压），适合于生产形状简单的长形、薄壁、管状制品。

四、实验内容和步骤

（1）粉体的预处理。对瘠性粉料等静压成型需要对粉体进行预处理，通过造粒工艺提高粉体的流动性，加入黏结剂和润滑剂减少粉体内摩擦，提高黏结强度，使之适应成型工艺需要。

（2）成型工艺。包括装填、加压、保压、卸压等过程。装料应尽量使粉料在模具中装填均匀，避免存在气孔，加压时应求平稳，加压速度适当，针对不同粉体和坯体形状，选择合适的加压压力和保压时间，同时选择合适的卸压速度。

（3）成型模具。等静压对成型模具有特殊的要求，包括有足够的弹性和保形能力，有较高的拉伸强度、抗裂强度和耐磨强度，有较好的耐腐蚀性能，不与介质发生化学反应，脱模性能好，价格低廉，使用寿命长。一般湿式等静压多使用橡胶类模具，干式等静压模具多使用聚氨酯、聚氯乙烯等材料。

五、注意事项

（1）选择模具时应优先考虑模具的密封措施是否恰当、是否易于操作。

（2）严格控制造粒粉的水分，有利于改善粘模和分层现象，黏结剂含量越高成型后坯体的强度就越高。

（3）操作时要保证填料的密实程度均匀一致，操作过程中注意做好密封措施，避免发生液体泄漏而导致坯体浸水或浸油的情况。

六、数据记录及处理

记录所选合适的成型压力、保压时间和卸压速度等，检验产品质量合格率。

七、思考题

（1）等静压成型压力较低，如何有效地提高粉体的致密化？
（2）比较干压成型与等静压成型的异同？

流延成型陶瓷坯体

一、实验目的

（1）掌握流延成型的原理和方法。
（2）掌握流延成型用坯料处理的原理和方法。
（3）了解流延成型过程、料浆要求和坯厚的控制。

二、实验设备及器材

（1）大搪瓷托盘两只，瓷研钵两套，20 目和 40 目筛若干。镊子、牛角勺子、脱脂棉、棉纱、称量天平。

（2）粉体 200～300g，PVA 水溶液，无水乙醇。

（3）流延机，有机溶剂（如乙醇、三氯乙烯、甲苯等），分散剂（如磷酸酯和乙氧基化合物等），黏结剂（如 PVB、聚丙烯酸甲酯、聚乙烯醇等），增塑剂。

三、实验原理

流延成型又称刮刀成型，是一种制备大面积、薄平陶瓷片的成型方法。该法是需要在陶瓷粉料中添加有机溶剂、分散剂、黏结剂与塑性剂等有机成分制得分散均匀的稳定浆料，在流延机上成型，使浆料均匀地流到或涂敷到衬底上，制得一定厚度的素坯膜，经干燥后制得厚度均匀的坯膜的一种浆料成型方法。其要求陶瓷粉料应具有粒度细、粒形好等特点，使浆料保持足够的流动性，在膜坯的厚度方向有足够的堆积个数，粉料的粒度愈细，粒形愈圆润，则膜坯的质量愈高。根据粉料的物化特性及粉粒状况，各种添加剂的选择与用量可在一定范围内调整，浆料入流延机前，须经过两重滤网，网孔分别为 $40\mu m$ 和 $10\mu m$，以滤除个别团聚或大粒粉料及未溶化的黏结剂。

流延成型设备简单，坯带易于加工，工艺稳定，可连续操作，生产效率高，可实现高度自动化，是一种较成熟的获得大面积高质量超薄陶瓷片的方法。基片的厚度可薄至 $10\mu m$ 以下，厚至 1mm 以上，广泛应用于氧化铝陶瓷电路基片和氧化锌压敏电阻等电子器件的制造。在实际生产中，流延机刮刀口间隙的大小是最关键和最易调整的，在自动化水平较高的流延机上，在离刮刀口不远的坯膜上方，装有 X 射线测厚仪，可连续对坯膜进行检测，并将厚度信息传送到刮刀高度调节螺旋测微系统，可制得厚度仅为 $10\mu m$、误差不超过 $1\mu m$ 的高质量坯膜。

流延成型对有机物的选择比较敏感，必须根据所选粉料及所需薄片厚度合理选择所用有机物种类和配比。流延膜的厚度和流延膜的质量不易控制，应先仔细分析影响膜厚和质量的因素，采取一定措施，才能制备出厚度均匀、质量优异的薄片。而且流延成型只能成型带状坯体，成型密度低，脱脂过程中生坯容易变形开裂，影响产品质量。目前的新型工艺主要有水基流延成型、紫外引发聚合流延成型和凝胶流延成型等。

四、实验内容和步骤

（1）先将经过细磨、煅烧的熟粉料加上溶剂，通常再加上抗聚凝剂、除泡剂、烧结促进剂等，投入球磨罐中进行湿式混磨，使可能聚成团块的活性粉粒在溶剂中充分分散和悬浮，各种添加物达到均匀分布。

（2）加入黏结剂、增塑剂、润滑剂等，再度混磨，使这些高分子物质均匀分布并有效地吸附于粉粒上，形成稳定的、流动性好的浆料。

（3）经过过筛真空除气后，将黏度适当的浆料倒入流延机加料斗中成型，浆料从料斗下部流至向前移动着的薄膜载体（如聚酯、聚乙烯、聚丙烯等薄膜）之上形成坯片，坯片的厚度由刮刀控制，刮刀由精密螺旋测微系统来调整其上下位置。

（4）坯膜连同载体进入巡回热风烘干室，烘干温度必须在浆料溶剂的沸点之下，否则会使膜坯出现气泡或由于湿度梯度太大而产生裂纹。

（5）烘干室出来的膜坯还保留一定的溶剂，连同载体一起卷轴待用，并在储存过程中使膜坯中溶剂分布均匀，消除湿度梯度。

（6）将流延的薄坯片按所需形状进行切割、冲片或打孔。

五、注意事项

（1）通过调控黏结剂和增塑剂的掺入量及料粉的粒径控制浆料的黏度，制备出黏度容易控制且无触变性的浆料。

（2）采用水系黏结剂时，陶瓷粉料不应发生水化作用，坯带的表面易于形成黏结剂皮膜，使内部水分难以蒸发。可采用内部均匀加热干燥法，而采用无水系黏结剂的坯带在干燥时是以调节干燥带不同阶段的温度梯度和蒸气压来完成。

（3）坯带边角余料应重新溶解，回收利用，最大化提高经济效益。

六、数据记录及处理

记录流延机的流延速度、刮刀刀刃间隙高度和长度、浆料的黏度等，观察得到的坯片厚度变化。

七、思考题

（1）影响流延成型的工艺因素有哪些？

（2）流延成型中如何调控坯料的厚度？

（3）影响流延膜质量的因素和改进措施？

实验4　电子陶瓷的烧结实验

烧结是电子陶瓷及其他陶瓷类产品的一个关键工艺。它是指成型好的坯体，在高温作用下，经过一定时间而成为瓷件的整个过程。烧结的瓷件通常表现为表面积减少、气孔率降低、机械强度提高。陶瓷烧结是一个由许多因素共同决定的过程，坯体只有经过烧结，才具有陶瓷的特性及要求的结构形状，烧结工艺条件的好坏直接影响着陶瓷的致密度和性能。

一、实验目的

(1) 掌握电子陶瓷的烧结工艺原理。

(2) 了解电子陶瓷烧结的过程及条件。

二、实验设备及器材

实验设备及器材：高温箱式烧结炉、氧化铝坩埚、氧化铝陶瓷垫板、尖嘴钳、不锈钢勺。

试剂：压制的陶瓷坯体、坯体粉末、氧化锆（ZrO_2）粉。

三、实验原理

1. 烧结中物质传递过程

陶瓷坯体中，粉粒处于物理接触状态，而坯体经过烧结后，粉粒相互紧密生长在一起，成多晶陶瓷。这种物质从物理接触状态转变为多晶紧密陶瓷结构的过程，称为物质传递过程，简称传质过程。

2. 烧结过程的阶段

烧结过程的三个时间阶段：

(1) 烧结初期。指自烧结开始直到粉体接触处出现局部烧结面，即所谓的"颈部长大"，但未出现明显的颗粒长大或收缩的时期。

(2) 烧结中期。指粉体或烧结生成的颗粒略有长大，颗粒之间的气态孔隙外形圆滑，并以连通的棱管状态存在于坯体之中的时期。

(3) 烧结后期。此时颗粒长大，致使坯体中气孔相互分隔而孤立开来，气孔主要存在于多粒会合处或进入晶粒之中。在这一时期通常都会出现瓷体的明显收缩。

烧结过程中物质传递的主要方式：

(1) 气相烧结。物质从粉粒的某一部分蒸发，经由气态过程，再凝结到相邻粉粒的接合处，即所谓蒸发-凝结过程。

（2）固相烧结。主要指构成粉粒本身的原子、离子或空格点（缺位），通过表面扩散来达到物质传递的效果，即所谓扩散传质过程。

（3）液相烧结。在烧结体系中出现少量能够使固态粉粒润湿的液相时，由于粉粒的表面状况不同及毛细管压的作用，粉粒进一步靠拢、挤压，表面曲率较大的突出部分质点易于溶入液相之中，通过在液相中扩散的方式，到达并析出在曲率较小、凹面或粉体相接触的颈部表面，即溶入-析出过程。

烧结是一种非常复杂的多因素过程，在某一陶瓷的烧结过程中，往往多种传质机理同时起作用，可能在不同的烧结阶段有所侧重、突出，或在同一烧结时期相互重叠、交织。因此，在某一具体陶瓷烧结过程中，应理论联系实际来具体分析。

3. 烧结的条件

在确定烧结工艺时，主要考虑升温过程、烧结温度、保温时间、降温方式以及气氛控制等。严格控制烧结时的升温速率、烧结温度、保温时间、降温方式以及气氛，是获得优良压电性能的关键。大量实验表明：同一配方，在不同烧结温度范围内，材料的性能会有很大的变化。另外，升温速率不能太快，因为元件局部温差过大，会使坯体收缩应力不均匀而造成元件变形，甚至开裂。升温速率也不能过慢，因为在高温状态下的保温时间过长，不但会使陶瓷晶粒过分长大，甚至会出现二次结晶现象，而且也会造成过多的铅挥发，影响原材料的化学配比和坯体的致密度。我们在实验中采用 250℃/h 的匀速升温过程和随炉自然冷却方式。采用了图 4-1 所示的密闭烧结方式。烧结温度与保温时间相互制约、相互补充。烧结温度高，则保温时间短；烧结温度降低，保温时间相应加长。

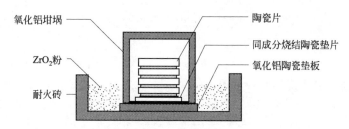

图 4-1　密闭烧结方式示意图

（1）烧结温度的确定。根据烧结瓷体的 SEM 图（图 4-2）、XRD 分析（图 4-3）以及材料的致密度与性能确定。

图 4-2　陶瓷烧结样品表面 SEM 照片

通过 SEM（图 4-2）可以看到烧结样品的表面情况，知道了物质基本成瓷，形成了颗粒大小均匀，有较少的空洞的较致密的陶瓷。如果进一步升温或延长保温时间的话，晶粒将进一步长大或二次结晶，形成大晶或巨晶，使空洞增大，或形成裂纹。

和预烧后的 XRD 测试结果（图 4-4）比较可大致地确定烧结温度，烧结温度比预烧温度略高。预烧中陶瓷的主晶相基本形成，烧结中还要使其他的成分能成瓷，所以比预烧温度要高。比较图 4-3 和图 4-4 可知，成瓷后的主晶相衍射峰比预烧时的衍射峰要尖锐。

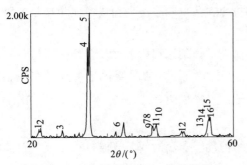

图 4-3 预烧温度 725℃，烧结温度 915℃、保温时间 2h 烧结陶瓷的 XRD 图

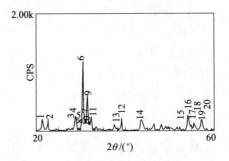

图 4-4 725℃预烧合成粉料的 XRD 图

（2）烧结保温时间的确定。保温时间和烧结温度相辅相成，烧结温度高一点，那么保温时间就相对低一点；反之，则相反。

总之，烧结温度只能确定在一个大致的范围，即烧结温区，具体的烧结温度要靠多取几个不同的温度和保温时间进行烧结，通过成瓷后的产品的性能确定最理想的烧结温度。

四、实验内容和步骤

（1）将已经压片成型的样片叠放在氧化铝陶瓷垫板上，用样品粉末做底层垫粉，外层扣上氧化铝坩埚。

（2）将步骤（1）处理的样品，用盛有氧化锆粉末的氧化铝容器埋置。

（3）将烧结器具放入烧结炉中，设置烧结程序。电炉的设置如表 4-1 所示。

表 4-1 电炉设置

按键	显示	操作
1	STEP	无，进入阶段设置
1	60（或者其他数字）	无，第 1 阶段时间
2（进入设置）	C1/SP1	0℃，第 1 阶段起始温度
1	T1	60min，第 1 阶段运行时间
1	C2/SP2	200℃，第 2 阶段起始温度
1	T2	60min，第 2 阶段运行时间
1	C3/SP3	400℃
1	T3	60min
1	C4/SP4	600℃
1	T4	60min
1	C5/SP5	800℃
1	T5	60min
1	C6/SP6	1000℃

续表

按键	显示	操作
1	T6	60min
1	C7/SP7	1200℃
1	T7	21min
1	C8/SP8	1270℃（进入保温阶段）
1	T8	120min
1	C9/SP9	1270℃
1	T9	120min
1	C10/SP10	1270℃
1	T10	−121（结束指令）

注：按键 1 为阶段键位；按键 2 为移位键。

（4）长按 2 号键和 1 号键，退出设置。

（5）长按 3 号键（RUN）3 秒，运行程序，启动电源（绿色键位），烧结开始。

（6）升温、保温结束后，关闭电源（STOP 红色键位），烧结炉自然冷却。

（7）待炉温降至室温时，从炉中取出烧结样品，以备进行相关测试分析用。

五、数据记录及处理

（1）实验小组分组进行烧结 1～4 组样片，使用烧结炉，针对不同组样品设置不同烧结升温程序。

（2）操作使用烧结炉注意安全，防止烧结过程中以及烧结结束后，高温和高电流对人体造成伤害。

（3）对烧结后的样品进行初步表征和分析。

六、思考题

影响烧结后陶瓷结构和性能的因素有哪些？

实验5　粒度分布测试实验

一、实验目的

掌握粉体的粒度测量原理和分析方法。

二、实验设备及器材

激光粒度分布仪。

三、实验原理

激光粒度分布仪作为一种新型的粒度测试仪器，已经在粉体加工、应用与研究领域得到广泛应用。它的特点是测试速度快、测试范围宽、重复性和真实性好、操作简便等。

激光粒度分布仪是根据颗粒能使激光产生散射这一物理现象测试粒度分布的。由于激光具有很好的单色性和极强的方向性，所以一束平行的激光在没有阻碍的无限空间中将会照射到无限远的地方，并且在传播过程中很少有发散的现象，如图 5-1 所示。

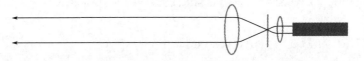

图 5-1　激光束在无阻碍状态下的传播示意图

当光束遇到颗粒阻挡时，一部分光将发生散射现象，如图 5-2 所示。散射光的传播方向将与主光束的传播方向形成一个夹角 θ。散射理论和实验结果都告诉我们，散射角 θ 的大小与颗粒的大小有关，颗粒越大，产生的散射光的 θ 角就越小；颗粒越小，产生的散射光的 θ 角就越大。在图 5-2 中，散射光 I_1 是由较大颗粒引起的，散射光 I_2 是由较小颗粒引起的。由于散射光的强度代表该粒径颗粒的数量，在不同的角度上测量散射光的强度，就可以得到样品的粒度分布了。

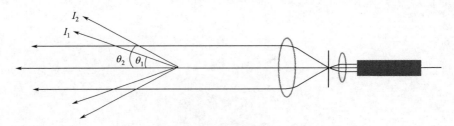

图 5-2　不同粒径的颗粒产生不同角度的散射

为了有效地测量不同角度上的散射光的光强，需要运用光学手段对散射光进行处理。在

图 5-2 所示的光束中的适当位置上放置一个富氏透镜，在该富氏透镜的后焦平面上放置一组多元光电探测器，这样不同角度的散射光通过富氏透镜就会照射到多元光电探测器上，将这些包含粒度分布信息的光信号转换成电信号并传输到电脑中，就会准确地得到所测试样品的粒度分布了，如图 5-3 所示。

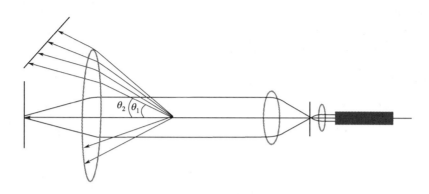

图 5-3　激光粒度分布仪原理示意图

粉体的粒度分布反映了粉体中不同粒径颗粒大小及其对应的数量关系。粒度分布分为频率分布和累积分布，常用体积频率分布曲线和体积累积分布曲线表示。

四、实验内容和步骤

（1）先打开计算机，再打开仪器电源。为保证仪器测试稳定，仪器开机后应预热 30min 以上。

（2）打开操作软件，单击"测试"进入测试状态后就按提示菜单操作。

① 按提示输入样品名称等参数，如输入密度，则输出数据以质量分布形式表示。

② 按下排水开关，在分散槽内倒入 1/2～3/5 深度的自来水，开启循环泵（PUMP），充分排除气泡。

③ 测试仪器空白状态（如仪器状态需调整）。

④ 关循环泵，加入 0.1～1.5g 的被测试样，开启超声波（U-W），放下机械搅拌器，分散 15～60s，必要时加入几滴六偏磷酸钠水溶液或表面活性剂分散。

⑤ 开循环泵电源，循环 30s 左右后按计算机"B"键判断粉末应属哪一区，选择适当的分区。仪器同时配有粗粉、微粉、超微粉三套程序，用户可根据情况选用。测试时可反复测试几次，待测试值稳定后，即完成测试。测试过程中浓度最好控制在 50%～85%，否则加水稀释或加粉调整。为保证测试结果准确，在各范围测试时有高的测试精度仪器必须采用分段测试。

⑥ 如要观察曲线，退出测试，进入菜单，选择观察曲线。

⑦ 测试完毕后，提起搅拌器，用水清洗三次，再次测试时，可重复进行以上各步骤。

五、注意事项

最后请一定进行清洗。分散槽内无水时，千万不能开超声波电源，否则将可能损坏超声波仪器。

六、数据记录及处理

将保存的数据文件绘成柱形图，并简单说明其分布的含义。

七、思考题

体积频率分布和体积累积分布各是什么意义？

实验6 陶瓷电极的制备

一、实验目的

(1) 了解陶瓷电极制备的物理、化学变化原理。
(2) 掌握镀银的具体操作方法。
(3) 了解银电极制备过程中常出现的缺陷及成因。

二、实验设备及器材

低温烧结炉、耐火砖垫板、毛笔、尖嘴钳、高温电炉。
试剂：银浆、无水乙醇、乙醚。

三、实验原理

随着信息功能陶瓷技术的不断发展，有时需要将陶瓷与金属、陶瓷与陶瓷牢固地封接在一起，由于陶瓷材料表面结构与金属材料表面结构不同，焊料往往不能润湿陶瓷表面，也不能与之作用而形成牢固的黏结，因而陶瓷与金属的封接是一种特殊的工艺方法，即金属化的方法。先在陶瓷表面牢固地黏附一层金属薄膜，从而实现陶瓷与金属的封接。另外，用特制的焊料玻璃可直接实现陶瓷与陶瓷的封接。

整个镀银过程，包括涂银和烧银两个阶段。在整个过程中，银浆随着温度的升高，发生一系列的物理化学变化。主要可分成以下几个阶段：

(1) 胶合剂挥发分解阶段（90～325℃）。
(2) 碳酸银或氧化银还原为金属银阶段（410～600℃）。
(3) 助熔剂转变为胶体状阶段（520～600℃）。
(4) 金属银与制品表面牢固结合阶段（600℃以上）。

四、实验内容和步骤

(1) 选取合适的银浆。
(2) 将待金属化的试样清洁备用。
(3) 用柔软而稍有弹性的狼毫毛笔或毛刷蘸适量银浆，用手逐个均匀地涂在试样表面。
(4) 涂第一遍时，必须在200～250℃下彻底烘干，直至银层呈灰色或浅蓝色或鱼白色为止。冷却到室温后，再涂第二遍。一般以涂两遍较好。一面涂好后，再涂另一面。
(5) 烧渗银层。烧渗银层就是将彻底烘干的试样，放在专用烧银耐火板上，移入高温电炉内，按银浆配方规定的温度焙烧。

五、注意事项

(1) 试样必须完整均匀，无堆积不平、流窜花纹、明显鳞皮、起泡开裂、漏底脱落等。

(2) 试样应光亮洁白，电导率高，无任何其他金属夹杂，不应发黑变黄。

(3) 银层应结合牢固，拉伸强度一般不低于10MPa。

(4) 试样应具有较强的抗腐蚀能力，化学稳定性好。

(5) 银层面积应符合规定的技术要求。

(6) 镀银前后试样的颜色基本一致，无显著差别。

(7) 试样非镀银面，不应有任何银迹。

六、数据记录及处理

(1) 镀银后在样品表面书写编号，以免混乱。

(2) 查看镀银后的样品是否有松动。

(3) 分类保管好样品，待测。

七、思考题

(1) 烧银制度如何确定？

(2) 影响陶瓷电极制备的因素有哪些？

实验7 压电陶瓷极化工艺研究

一、实验目的

(1) 掌握压电陶瓷的极化工艺。

(2) 了解极化电场强度、极化温度及极化时间在极化过程中的作用。

(3) 了解极化原理,记录不同极化条件下得到的压电性能,确定最佳极化工艺。

二、实验设备及器材

实验设备:极化台、手摇式电阻测试仪。

实验器材:压电陶瓷片若干。

三、实验原理

沿压电晶体的极化方向施加压力或拉力时,所产生的形变会在其两个相对的表面产生符号相反的电荷(表面电荷的极性与拉力或压力有关),当外力去掉,形变消失后,又重新回到不带电的状态,这种现象称为"正压电效应"。在极化方向上(产生电荷的两个表面)施加电场,它又会产生机械形变,这种现象称为"逆压电效应"。正压电效应和逆压电效应统称为压电效应,它们是经过极化的铁电材料所具有的现象。

压电陶瓷材料是由铁电陶瓷材料经过极化而成。在居里温度以下,由于晶体结构的不对称性,无电场时其内部存在着无序排列的偶极子。在一定温度下对铁电陶瓷施加一定时间的强直流电场,使得陶瓷内的偶极子平行排列并相互耦合形成亚稳态的铁电畴,并趋向外电场作规则排列,这一过程称为极化。极化后的陶瓷为热释电体,铁电畴仍然保留了极化效应,它具有本征的热释电性和压电性。用于压电效应时称之为压电陶瓷。

四、实验内容和步骤

1. 实验准备

由于极化在高压下进行,一般极化电场为 $3\sim5kV/mm$,因此,须谨慎操作。极化装置分为三部分:加热装置、高压调节装置、极化显示装置。加热装置由容器、硅油、发热件及温控器组成;高压调节装置由升压器和升压调节器组成;极化显示装置由放大回路将极化相关信息放大转换,由显示屏显示出极化电流、极化时间和陶瓷极化电阻,极化时间由继电器控制。加热和极化是两个独立系统。

2. 确定极化条件

根据陶瓷组成及烧结质量,确定极化温度、极化电场和极化时间。对于铅系压电陶瓷,

一般极化电场为 $3\sim5kV/mm$，温度为 $100\sim150℃$，时间为 $5\sim20min$。

3. 极化

（1）极化陶瓷样品前期处理。打磨陶瓷片，使上下电极面完好，并使上下电极无相连现象。把处理好的陶瓷片夹装在手摇式电阻测试仪的夹具上，刚好夹紧即可，避免擦伤电极面。以 $120r/min$ 匀速转动手柄，使电阻达兆欧级即可。如果转动过程中有打火现象，取下陶瓷片，再打磨发黑的地方；如果电阻过小，则换用其他陶瓷片。

（2）加热油浴锅，使油温达到极化温度。将前期处理好的陶瓷片放到加热的油浴锅里，接通电源，升温，使油温达到设计的极化温度，恒温。

（3）加高压直流电场极化。将高压输出线接在高压输出接口上，将回路线接在回路接口上，将接地线接入设备上的接地端口，并拧紧。然后，将放极化样品的夹具放入油浴锅中，并将高压输出线和回路线分别接在夹具的两个接头上，将已加热待极化的陶瓷样品放在夹具中，检查整个接线回路是否闭合完整。最后，接上输入电源，按下高压调节装置开关按钮，缓慢旋转调节按钮直至到达极化电场大小。再按下显示器上开关按钮，设置好极化时间，按下测试键进行极化。

（4）到达极化时间，先按下设备的停止键，断开设备电源，取出极化样品。如果要极化下一个样品，在此状态下，放入样品，重复上面步骤（3）即可。

（5）实验结束后，拔掉电源线，清洁和整理实验台及设备。

五、注意事项

（1）极化装置必须保证良好接地。

（2）设备置于良好通风散热环境中。

（3）保证整个工作台整洁有序，一切与实验无关的物品，尤其是金属制品，远离极化实验台。

（4）保证高压输出端和回路端与其他装置保持良好的绝缘。极化夹具内的金属构件须在绝缘状态下工作。

（5）如果实验过程中出现异常情况，比如样品被击穿，设备会发出报警声，这时要立刻按下设备上的停止键，旋低高压调节按钮至零，并断开设备电源，再进行事故处理。

（6）电压上升过程一定要缓慢。合则，容易导致样品击穿。

六、数据记录及处理

列出极化条件与压电性能关系表。

七、思考题

分析影响实验结果的因素。

实验8 溶胶-凝胶法制备薄膜

一、实验目的

（1）了解溶胶-凝胶法的基本原理和特点。
（2）掌握溶胶-凝胶法制备薄膜的基本方法。

二、实验设备及器材

实验设备：匀胶机、管式气氛退火炉、磁力搅拌器、电子天平。
试剂：无水乙醇、去离子水、乙二醇甲醚、乙酸酐、乙酸钡、钛酸四丁酯

三、实验原理

溶胶-凝胶技术是指金属有机或无机化合物经过溶液、溶胶、凝胶而固化，再经热处理而成氧化物或其他化合物固体的方法。在 20 世纪 30 年代至 70 年代矿物学家、陶瓷学家、玻璃学家分别通过溶胶-凝胶方法制备出了相图研究中的均质试样，低温下制备出了透明锆钛酸铅镧（PLZT）陶瓷和 Pyrex 耐热玻璃。核化学家也利用此法制备了核燃料，避免了危险粉尘的产生。这一阶段把胶体化学原理应用到制备无机材料中，获得初步成功，引起了人们的重视，使人们认识到该法与传统烧结、熔融等物理方法不同，引出了"通过化学途径制备优良陶瓷"的概念，并称该法为化学合成法或 SSG 法。另外，该法在制备材料初期就进行控制，使均匀性可达到亚微米级、纳米级甚至分子级水平，也就是说，在材料制造早期就着手控制材料的微观结构，引出"超微结构工艺过程"的概念，进而认识到利用此法可对材料性能进行剪裁。简单地说，溶胶-凝胶过程是一种胶体化学方法，是用含高化学活性组分的化合物（金属醇盐或金属无机盐）作为前驱体溶于有机溶剂或者去离子水中，在液相下将这些原料均匀混合，在控温搅拌的条件下进行水解、缩合化学反应，在溶液中形成稳定的透明溶胶体系，溶胶经陈化胶粒间缓慢聚合，形成三维空间网络结构的凝胶，凝胶网络间充满了失去流动性的溶剂。凝胶经过干燥、烧结固化制备出纳米级乃至分子级的结构材料。

溶胶-凝胶法不仅可用于制备微粉，而且可用于制备薄膜、纤维和复合薄膜材料。其优缺点如下：a. 纯度高，粉料（特别是多组分粉料）制备过程中无需机械混合，不易引进杂质；b. 化学均匀性好，由于溶胶-凝胶过程中，溶胶由溶液制得，化合物在分子级水平混合，故胶粒内及胶粒间化学成分完全一致；c. 颗粒细胶粒尺寸小于 $0.1\mu m$；d. 该法可容纳不溶性组分或不沉淀组分，不溶性颗粒均匀地分散在含不产生沉淀的组分的溶液中，经胶-凝胶化，不溶性组分可自然地固定在凝胶体系中，不溶性组分颗粒越细，体系化学均匀性越好；e. 掺杂分布均匀，可溶性微量掺杂组分分布均匀，不会分离、偏析，比醇盐水解法优越；f. 合成温度低，成分容易控制；g. 粉末活性高；h. 工艺、设备简单，但原材料价

格昂贵；i. 烘干后的球形凝胶颗粒自身烧结温度低，但凝胶颗粒之间烧结性差，即所制成的块材料烧结性不好；j. 干燥时收缩大。

1. 溶胶-凝胶法按产生溶胶-凝胶过程机理分类

（1）传统胶体型。通过控制溶液中金属离子的沉淀过程，使形成的颗粒不团聚成大颗粒而沉淀，得到稳定均匀的溶胶，再经过蒸发得到凝胶。

（2）无机聚合物型。通过可溶性聚合物在水中或有机相中的溶胶过程，使金属离子均匀分散到凝胶中。常用的聚合物有聚乙烯醇、硬脂酸等。

（3）络合物型。通过络合剂将金属离子络合形成络合物，再经过溶胶-凝胶过程形成络合物凝胶。

2. 溶胶-凝胶法与其他方法相比具有的独特优点

（1）由于溶胶-凝胶法中所用的原料首先被分散到溶剂中而形成低黏度的溶液，因此，其可以在很短的时间内获得分子水平的均匀性，在形成凝胶时，反应物之间很可能是在分子水平上被均匀地混合。

（2）经过溶液反应步骤，能很容易均匀定量地掺入一些微量元素，实现分子水平上的均匀掺杂。

（3）与固相反应相比，化学反应将容易进行，而且仅需要较低的合成温度。一般认为溶胶-凝胶体系中组分的扩散在纳米范围内，而固相反应时组分扩散是在微米范围内，因此反应容易进行，温度较低。

（4）选择合适的条件可以制备各种新型材料。溶胶-凝胶法作为低温或温和条件下合成无机化合物或无机材料的重要方法，在软化学合成中占有重要地位。溶胶-凝胶法在制备玻璃、陶瓷、薄膜、纤维、复合材料等方面获得重要应用，更广泛用于制备纳米粒子。

3. 溶胶-凝胶法存在的问题

（1）所使用的原料价格比较昂贵，有些原料为有机物，对健康有害。

（2）通常整个溶胶-凝胶过程所需时间较长，常需要几天或几周。

（3）凝胶中存在大量微孔，在干燥过程中又将会逸出许多气体及有机物，并产生收缩。

4. 溶胶-凝胶法最基本的反应

（1）水解反应：$M(OR)_n + xH_2O \longrightarrow M(OH)_x(OR)_{n-x} + xROH$

（2）聚合反应：$-M-OH + HO-M \longrightarrow -M-O-M- + H_2O-M-OR + HO-M \longrightarrow -M-O-M- + ROH$

式中，M 代表金属元素；R 是烷基或羟基。

5. 溶胶-凝胶法的制膜机理

（1）在硅基片沉积湿膜，采用的是旋涂法，将配置的溶液滴加在高速旋转的基片上，利用离心力将溶液匀开，成为均匀膜。

（2）在高温下，将有机物挥发，同时让晶粒长大，形成陶瓷膜。

四、实验内容和步骤（以制备 $BaTiO_3$ 薄膜为例）

（1）称取 0.01mL 的乙酸钡，分别用 20mL、30mL、40mL 的乙酸溶解，要缓慢地加入乙酸钡，防止凝固。

（2）称取 0.01mL 的钛酸四丁酯，用 20mL 乙二醇甲醚稀释。

（3）将上面的透明溶液混合，特别是要将钛酸四丁酯的稀释液慢慢滴入。混合后，搅拌均匀，就可以用乙二醇甲醚定容，容量为 100mL。

（4）将定容后的前驱体溶液取出一部分，加水观察水解反应。

（5）先打开抽气机，然后打开匀胶机电源，接着打开控制开关。设置一级转速和时间及二级转速和时间。然后将基片置于吸气孔上，打开气阀开关，接着打开转动开关。最后在一级转速期间滴加溶液。

（6）转子停后，关上气阀开关，取下基片，让其在空气中水解 10min。

（7）将水解后的薄膜，置于 150℃ 干燥箱中干燥，时间为 30min。

（8）干燥后，在 300℃ 下烧去有机物。

（9）按以上工序，重复 10 层后，在 700℃ 下退火。

（10）测量陶瓷膜的表面电阻率。

五、数据记录及处理

记录陶瓷膜的表面电阻率大小。

六、思考题

（1）钛酸四丁酯的稀释液为何要慢慢滴入？环境温度较高如何操作？

（2）观察每次工序后的薄膜是否有开裂。如果有，应该如何调整工艺条件？

实验9　水热法制备纳米颗粒

一、实验目的

(1) 了解水热法制备纳米材料的原理与方法。
(2) 了解反应温度和反应时间对产物的结构和形貌的影响。

二、实验设备及器材

实验设备：磁力搅拌器、反应釜、鼓风干燥箱、离心机。
实验原料：硫酸钛、尿素、去离子水、无水乙醇、$ZrOCl_2 \cdot 8H_2O$（分析纯）、$Ti(OC_4H_9)_4$（分析纯）、$NH_3 \cdot H_2O$、$Pb(NO_3)_2$（分析纯）、KOH（分析纯）。

三、实验原理

水热法是指在特定的密闭容器内反应，水或者有机溶剂作介质，通过造就一个高温高压的反应环境，使不溶物或者难溶物溶解并且重结晶，再通过分离和热处理得到目标产物的方法。水热法具有以下明显的特点和优势：

(1) 高温高压条件下水处于超临界状态，提高了反应物的活性。

(2) 水热法具有可控性和调变性，根据反应需要调节温度、介质、反应时间等。可以用来制备多种纳米氧化物材料、磁性材料等。

(3) 反应釜为密闭体系，工作压力 3MPa，不会造成原料泄漏。

反应方程式（以制备锆钛酸铅纳米颗粒为例）：

$$NH_3 \cdot H_2O \Longleftrightarrow NH_4^+ + OH^-$$
$$ZrOCl_2 \cdot 8H_2O + 2OH^- \Longleftrightarrow ZrO(OH)_2 + 2Cl^- + 8H_2O$$
$$Ti(C_4H_9O)_4 + 4H_2O \Longleftrightarrow Ti(OH)_4 + 4C_4H_9OH$$
$$13ZrO(OH)_2 + 12Ti(OH)_4 \longrightarrow 25Zr_{0.52}Ti_{0.48}O(OH)_2 \downarrow + 12H_2O$$
$$Pb(NO_3)_2 + 2OH^- \Longleftrightarrow Pb(OH)_2 + 2NO_3^-$$
$$Pb(OH)_2 + Zr_{0.52}Ti_{0.48}O(OH)_2 \longrightarrow PbZr_{0.52}Ti_{0.48}O_3 \downarrow + 2H_2O$$

四、实验内容和步骤

(1) ZTO 胶体（锆钛氢氧化物共沉淀）的制备。按照化学计量比称取 0.670g (0.00208mol) $ZrOCl_2 \cdot 8H_2O$ 和 0.653g（0.00192mol）$Ti(OC_4H_9)_4$，并将其溶于 10mL 去离子水中。在搅拌状态下，将 20mL 浓度为 1mol/L 的氨水溶液逐滴滴加到锆钛离子的混合溶液中，搅拌 10min，沉淀，过滤，用去离子水清洗，得到锆钛氢氧化物共沉淀。

（2）反应前驱液的制备。将锆钛氢氧化物共沉淀分散于去离子水中，得到悬浮锆钛氢氧化物共沉淀的水溶液。按欲合成 PZT 粉体的化学式称取 $Pb(NO_3)_2$ 1.457g（0.0044mol）、KOH 2.24g（0.04mol）溶于去离子水。在搅拌状态下，将调配好的 $Pb(NO_3)_2$ 水溶液、KOH 水溶液依次加入悬浮锆钛氢氧化物共沉淀的水溶液中，并用去离子水调节反应物料，使其达到反应釜内胆容积的 80%，这时反应釜中的溶液量为 40mL，磁力搅拌 30min。反应前驱液就此制备完成。

（3）水热反应制备 PZT 粉体。将反应前驱液按一定填充度装入反应釜内胆，并将内胆置于高压反应釜中，密封，在 180℃ 下保温 3h 进行水热处理，反应结束后降至室温，取出反应物，依次用去离子水、无水乙醇、去离子水过滤清洗，随后在 60℃ 温度下烘干，制得 PZT 纳米粉体。

五、注意事项

（1）按欲合成 PZT 粉体的化学式 $PbTi_{0.52}Zr_{0.48}O_3$，PZT 的反应浓度为 0.1mol/L，KOH 反应浓度为 1.0mol/L。易潮解的原料最后称量，动作要迅速准确，避免因原料吸水导致称量不准确。并且为了不污染电子天平，称量时，可直接使用烧杯盛装。

（2）将反应溶液装入反应釜内衬后，应将反应釜顶盖旋紧，水平放入烘箱中。在水热反应过程中，不得随意触碰该反应釜。反应结束后，等反应釜冷却至室温后再开启反应釜，对反应产物进行抽滤洗涤。

六、数据记录及处理

记录称取 $ZrOCl_2 \cdot 8H_2O$、$Ti(OC_4H_9)_4$、$Pb(NO_3)_2$、KOH 的具体质量及比例；记录 20mL 氨水溶液逐滴滴加到锆钛离子混合溶液的具体时间；描述所制备的锆钛氢氧化物共沉淀的特性。

七、思考题

（1）计算反应产率并分析产生损耗的原因。
（2）分析可能影响纳米材料形貌与物相的因素。

铁电厚膜的制备

一、实验目的

（1）了解丝网印刷制备厚膜的工艺流程。
（2）了解丝网印刷技术的特性及其影响因素。

二、实验设备及器材

（1）厚膜印刷机、焙烧炉、陶瓷基片。
（2）二氧化钛（TiO_2）、碳酸钡（$BaCO_3$）、碳酸锶（$SrCO_3$）。

三、实验原理

厚膜是相对薄膜来说的，厚膜与薄膜的区别有两点：其一是膜厚的区别，厚膜膜厚一般大于 $10\mu m$，薄膜膜厚小于 $10\mu m$，多小于 $1\mu m$；其二是工艺的区别，厚膜一般采用丝网印刷工艺，最先进的材料基板是使用陶瓷（较多的是使用氧化铝陶瓷）作为基板，薄膜一般采用的是真空蒸发、磁控溅射和脉冲激光沉积（PLD）等工艺方法。厚膜的优势在于性能可靠，设计灵活，投资小，成本低，多应用于电压高、电流大、功率大的场合。

铁电厚膜是在铁电块体材料和薄膜材料研究基础上发展起来的，与块体材料相比，厚膜介电常数相对较低，但是易于小型化、集成化，符合现代电子技术的发展趋势。而与薄膜相比，厚膜具有更大的厚度，界面中低介电层所占比例极大降低，因此对性能的影响也显著下降。另外，厚膜还具有较大的晶粒，有助于提高材料的性能和可靠性。所以厚膜材料特别适合制备厚度在 $10\sim100\mu m$ 的集成器件，如热释电红外传感器、弹性声表面波器件、共振器和厚膜加速度计等。钛酸锶钡在室温下处于铁电四方相，具有良好的热释电特性，将其制备成厚膜有望在保持材料的高热释电性能的同时，降低介电常数、漏电流和体积比热容，从而提高热释电探测率优值。

四、实验内容和步骤

钛酸锶钡厚膜的制备如下。

（1）以二氧化钛、碳酸钡和碳酸锶为原料，将按化学计量比称量好的原料用去离子水湿法球磨、烘干、研磨过筛之后，在 $800\sim1100℃$ 下保温合成钛酸锶钡粉体。

（2）将钛酸锶钡粉体、有机载体和黏结剂按一定比例混合球磨后得到厚膜浆料，其中，有机载体为松油醇和乙基纤维素。

（3）钛酸锶钡厚膜浆料采用丝网印刷技术沉积在氧化铝陶瓷基板上，然后进行预烧并在 $1200\sim1300℃$ 烧结得到钛酸锶钡厚膜样品。

五、数据记录及处理

钛酸锶钡的分子式选取：$Ba_{0.8}Sr_{0.2}TiO_3$ 粉体，计算化学原料的配比。

六、思考题

厚膜浆料中的松油醇和乙基纤维素比例会如何影响其性能？

实验11 化学共沉淀法制备纳米粉体

一、实验目的

（1）掌握化学共沉淀法制备无机材料粉体的基本原理和工艺过程。
（2）掌握影响沉淀的因素。

二、实验设备及器材

仪器设备：pH 计、烧杯、锥形瓶、表面皿、干燥箱、管式炉、坩埚。
实验原料：$Bi(NO_3)_3 \cdot 5H_2O$、$Fe(NO_3)_3 \cdot 9H_2O$、HNO_3 溶液、NaOH 溶液、去离子水。

三、实验原理

化学共沉淀法通常先配制含可溶性金属离子的盐溶液，然后将过量的沉淀剂加入混合后的均匀溶液中，使各沉淀组分的浓度都大大超过沉淀平衡时的溶度积，从而使制备组分尽量按比例地均匀混合并同时沉淀出来，生成胶体尺寸（1～100nm）的颗粒。将沉淀物洗涤，再经过热分解合成处理，即得到纳米微粒。用此法制备纳米微粒时，沉淀剂的选择、洗涤及溶液的 pH 值、浓度、干燥方式、热处理温度等都影响纳米微粒的尺寸。该法的优点是制得的纳米粉末纯度高、成分均一可控，且粒度小、分布窄，同时实验过程简单，可以大量生产。

$Bi_2Fe_4O_9$ 对无水乙醇、丙酮等有机物具有敏感性，适合用作新型的气体传感器材料，受到人们的关注。$Bi_2Fe_4O_9$ 还可以替代不可回收的铂、钯、铑等贵金属，用作催化剂。$Bi_2Fe_4O_9$ 属正交晶系，空间群为 *Pbam*，如图 11-1 所示。每个晶胞中有两个基本结构单元 FeO_6 八面体和 FeO_4 四面体。室温下，$Bi_2Fe_4O_9$ 是顺磁性的，当温度降低到 264K 附近时转变为反铁磁性。

影响沉淀的主要因素有以下几点。

1. 沉淀溶液的浓度

沉淀溶液的浓度会影响沉淀的粒度、晶形、收率、纯度及表面性质。通常情况下，相对稀的沉淀溶液，由于有较低的成核速率，容易获得粒度较大、晶形较为完整、纯度及表面性质较高的晶形沉淀，但其收率要低一些，这适用于单纯追求产品的化学纯度的情况。但是，如果成核速率太低，那么生成的颗粒数就少，单个颗粒的粒度就会变大，这对于微细粉体材料的制备是不利的。因此，实际生产中应根据产品性能的不同要求，控制适宜的沉淀液浓度，在一定程度上控制成核速率和生长速率。

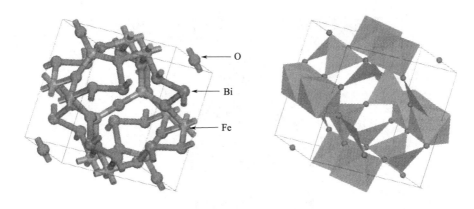

图 11-1　$Bi_2Fe_4O_9$ 晶体结构

2. 合成温度

沉淀的合成温度也会影响到沉淀的粒度、晶形、收率、纯度及表面性质。在热溶液中，沉淀的溶解度一般都比较大，过饱和度相对较低，从而使得沉淀的成核速率减慢，有利于晶核的长大，得到的沉淀比较紧密，便于沉降和洗涤。沉淀在热溶液中的吸附作用要小一些，有利于纯度的提高。在制备不同的沉淀物质时，由于追求的理化性能不同，具体采用的温度应视实验结果而定。例如：在合成时如果温度太高，产品会分解；在采用易分解、易挥发的沉淀剂时，温度太高会增加原料的损失。

3. 沉淀剂的选择

沉淀剂的选择应考虑产品质量、工艺、产率、原料来源及成本、环境污染和安全性等问题。在工艺允许的情况下，应该选用溶解度较大、选择性较高、副产物影响较小的沉淀剂，也便于除去多余的沉淀剂，减少吸附和副反应的发生。

4. 沉淀剂的加入方式及速度

沉淀剂的加入方式及速度均会影响沉淀的各种理化性能。沉淀剂若分散加入，而且加料的速度较慢，同时进行搅拌，可避免溶液局部过浓而形成大量晶核，有利于制备纯度较高、大颗粒的晶形沉淀。

四、实验内容和步骤

具体的流程如图 11-2 所示。

（1）按比例称取一定量的 $Bi(NO_3)_3 \cdot 5H_2O$ 和 $Fe(NO_3) \cdot 9H_2O$ 溶解于 2mol/L 的 HNO_3 溶液中，搅拌均匀。

（2）继续以较大转速搅拌，并缓慢地向上述溶液中加入 2mol/L 的 NaOH 沉淀剂，直至所有金属离子沉淀溶液呈弱碱性。

（3）过滤，洗涤多次，在 40~60℃下干燥。

（4）将干燥后的前驱粉体研磨装入坩埚中，分别在 620℃、650℃ 和 680℃ 加热并保温 2h。

（5）将灼烧的粉末再次洗涤，干燥即得到所需的纳米结构的粉体。

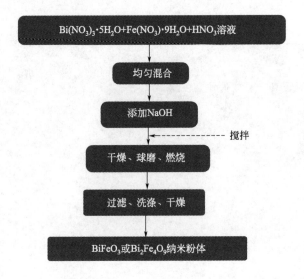

图 11-2　化学共沉淀法制备 $BiFeO_3$ 或 $Bi_2Fe_4O_9$ 纳米粉体的工艺流程图

五、数据记录及处理

前驱粉体在不同的温度和时间下加热保温，效果如何？

六、思考题

加入 NaOH 沉淀剂的作用是什么，是否可以加入其他碱性物质？

实验12　化学气相沉积法制备纳米材料

一、实验目的

（1）掌握化学气相沉积法制备氧化物纳米材料的基本原理和工艺过程。
（2）掌握影响沉积产物形貌的因素。

二、实验设备及器材

实验仪器设备：CVD系统。
实验原料：金属镁粉末、基片。

三、实验原理

化学气相沉积法（chemical vapor deposition，CVD）是利用气态或蒸气态的物质在气相或气固界面上发生化学反应，生成固态沉积物的技术。可分为高压化学气相沉积（HP-CVD）、低压化学气相沉积（LP-CVD）、等离子体化学气相沉积（P-CVD）、激光化学气相沉积（L-CVD）、金属有机物化学气相沉积（MO-CVD）、高温化学气相沉积（HT-CVD）、低温化学气相沉积（LT-CVD）等。该方法可用于多种无机材料的合成，从组成上说可制备单质（非金属、金属）、氧化物、氮化物和碳化物等；从结构上说可制备单晶、多晶和非晶态材料；从产物种类上说可制备粒子与薄膜。在半导体工艺方面，CVD技术不仅成为半导体级超纯硅原料——超纯多晶硅生产的唯一方法，而且也是硅单晶外延、砷化镓等Ⅲ-Ⅴ族化合物半导体和Ⅱ-Ⅵ族化合物半导体单晶外延的基本生产方法，在集成电路生产中广泛使用CVD技术沉积各种掺杂的半导体单晶外延薄膜、多晶硅薄膜、半绝缘的掺氧多晶硅薄膜，绝缘的二氧化硅、氮化硅、磷硅玻璃，硼硅玻璃薄膜以及金属钨薄膜，等。

CVD技术有如下特点。

（1）沉积反应如在气固界面上发生，则沉积物将按照原有的固态基底的形状包覆一层薄膜。

（2）采用CVD技术也可以得到单一的无机合成物质，并用以作为原材料制备复杂物质。

（3）如果采用某种基底材料，在沉积物达到一定厚度以后又容易与基底分离，这样就可以得到各种特定形状的游离沉积物器具。

（4）在CVD技术中可以生成晶体或者粉末状物质，甚至是纳米超粉末或者纳米线。

CVD的基本原理是建立在化学反应基础上的。在沉积条件下，气态反应物生成所需固态沉积物，其他产物均为气态。典型反应可分为三类。

（1）热解反应。单一气态反应物分解生成沉积物和副产物。通常的源物质有氢化物、烷氧基金属化合物、烷基金属化合物等。

（2）化学合成反应。两种或两种以上气态反应物参与反应。任意一种无机材料理论上都可以通过合适的反应合成出来，所以此类反应的应用更广泛。

（3）可逆反应。即化学输运反应。以目标产物为源物质，借助于适当气态介质与之反应而形成一种气态化合物，这种气态化合物经化学迁移或物理载带输送到与源区温度不同的沉积区，再发生逆向反应，使源物质沉积出来。如果源物质本身易气化，则无须借助气体介质。

采用前两类反应的 CVD 系统，必须做到反应物的不断输入和副产物的不断输出，称之为"敞开式"系统。采用第三类反应的 CVD 系统，反应物和产物都在反应室内不断循环，既无输入也无输出，称之为"封闭式"系统。

本实验制备 MgO 纳米线采用的是"敞开式"系统。"敞开式"系统中 CVD 反应经历以下过程（图 12-1）：

（1）气态反应物的产生。

（2）反应物输送至反应室。

（3）发生气相反应。当温度高于中间产物的热解温度时，在气相中发生均相反应，生成粒子，可直接收集获得超细粒子，也可沉积到基底上成膜，但附着力较差；温度较低时，将在基底表面及其附近发生非均相反应。

（4）反应气体扩散至基片表面并发生吸附，然后发生化学反应。

（5）沉积物在基底表面扩散，形成成核中心，慢慢生长成膜。

（6）未反应的反应物及副产物分子由表面解吸并向气流中扩散。

（7）未反应的反应物和副产物排出沉积区，从反应室排出。

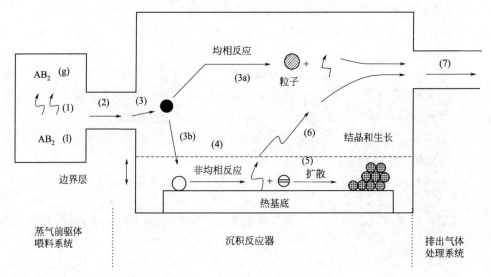

图 12-1　CVD 反应过程示意图

影响沉积产物晶相和形貌的因素：反应温度、反应时间、氧氩比、基片与源物质的距离等。

四、实验内容和步骤

（1）硅基片的切割与清洗。

（2）取一定量的金属镁粉末置于 U 型坩埚中。

（3）确定三片基片的放置位置，并做好记录。

（4）将装有镁粉末的坩埚和放置基片的坩埚一起放入管式炉的正中间部位。

（5）以 250sccm（1sccm＝1mL/min，下同）的流量向管式炉中通入氩气 5min，然后以一定的氧氩比（氩气：200sccm；氧气：20sccm）向反应腔内通入载气和反应气。

（6）设置升温、保温程序（120min 升温至 850℃，保温 20min），开始加热并反应。

（7）反应结束，将管式炉功率控制调至零点，断开管式炉电源，保持反应气和载气的流量，降至室温。

（8）取出反应源和基片，准备做原子力显微镜观察以及扫描电子显微镜的表面观察。

五、数据记录及处理

（1）三片基片的放置位置的记录。

（2）对实验中的每个步骤进行记录。

（3）记录厚度，记录当厚度达到什么程度时，制备的膜会与基底分离。

六、思考题

（1）通氩气的原理是什么？

（2）实验中，沉积后的膜为何要升温至 850℃进行热处理？

实验13　水泥净浆的制备

一、实验目的

掌握水泥净浆的制备方法，正确使用仪器设备，并熟悉其性能。

二、实验设备、器材及条件

1. 设备

(1) 水泥净浆搅拌机。

(2) 量水器：最小刻度为 0.1mL，精度 1%。

(3) 天平：精确至 1g。

2. 试样及用水

(1) 水泥试样应充分拌匀，通过 0.9mm 方孔筛并记录筛余物情况，但要防止过筛时混进其他水泥。

(2) 实验用水必须是洁净淡水，若有争议时可用蒸馏水。

3. 温湿度条件

(1) 实验室的温度为 17～25℃，相对湿度大于 50%。养护箱温度 20℃±2℃，相对湿度≥90%。

(2) 水泥试样、拌和水、仪器和用具的温度与实验室一致。

三、实验原理

将水泥、水、减水剂或其他胶凝材料（粉煤灰、矿粉、硅灰）按照一定比例混合，由于胶凝材料发生水化反应，生成 C—S—H 凝胶、CH 和其他产物并胶结在一起，形成在初期具有一定流动性和后期具有一定强度的水泥石结构。

四、实验内容和步骤

(1) 确保搅拌机运行正常。

(2) 搅拌锅和搅拌叶片先用湿布擦过，将拌和水倒入搅拌锅内，然后在 5～10s 内小心将称好的 500g 水泥加入水中，防止水和水泥溅出。

(3) 拌和时，先将锅放在搅拌机的锅座上，升至搅拌位置，启动搅拌机，低速搅拌 120s，停 15s，同时将叶片和锅壁上的水泥浆刮入锅中间，接着高速搅拌 120s 停机。

五、数据记录及处理

记录通过 0.9mm 方孔筛的筛余物情况；记录粉煤灰、矿粉、硅灰的具体混合比例。

六、思考题

水泥在搅拌过程中黏度变化的原理是什么？

实验14 水泥胶砂的制备

一、实验目的

(1) 掌握水泥胶砂试件的制备方法。

(2) 正确使用仪器并熟悉性能。

二、实验设备及器材

1. 实验设备

(1) 胶砂搅拌机符合 JC/T 681—2005 有关规定。

(2) 试模。用金属材料制成，由截锥圆模和模套组成。截锥圆模内壁应光滑，尺寸为：高度 60mm±0.5mm，上口内径 70mm±0.5mm，下口内径 100mm±0.5mm，下口外径 120mm。模套与截锥圆模配合使用。

(3) 捣棒。用金属材料制成，直径为 20mm±0.5mm，长度约 200mm。捣棒底面与侧面成直角，下部光滑，上部手柄滚花。

(4) 卡尺。量程为 200mm，分度值不大于 0.5mm。

(5) 小刀。刀口平直，长度大于 80mm。

2. 实验材料及条件

一次实验用的材料为：水泥 450g，标准砂 1350g，水量按预定水灰比计算。

水泥试样、标准砂和实验用水及实验条件应符合 GB/T 17671—1999 有关规定。

三、实验原理

将水泥、标准砂、水、减水剂或其他胶凝材料（粉煤灰、矿粉、硅灰）按照一定比例混合，由于胶凝材料发生水化反应，生成 C—S—H 凝胶、CH 和其他产物并将标准砂胶结在一起，形成在初期具有一定流动性和后期具有一定强度的水泥石结构。

四、实验内容和步骤

(1) 跳桌在实验前先进行空转，以检验各部位是否正常。

(2) 胶砂制备。

① 实验条件。实验室的温度应保持在 20℃±2℃，相对湿度应不低于 50%。试件带模养护的养护箱或雾室温度保持在 20℃±1℃，相对湿度不低于 90%。试件养护池水温度应在 20℃±1℃ 范围内。

② 胶砂的配合比：胶砂的质量配比应为一份水泥（450g±2g），三份标准砂（1350g±5g），半份水（225g±1g）（水灰比为0.5）。一锅胶砂成三条试件。称量用的天平精度应为±1g。当用自动滴管加225mL水时，滴管精度应达到±1mL。

③ 搅拌。胶砂用搅拌机进行机械搅拌。先使搅拌机处于待工作状态，然后按以下程序进行操作。a. 把水加入锅里，再加入水泥，把锅放在固定的架上，上升至固定位置。b. 立即开动机器，低速搅拌30s，在第二个30s开始的同时均匀地将标准砂加入。把机器转至高速再搅拌30s。c. 停拌90s，在第1个15s内用一胶皮刮具将叶片和锅壁上的胶砂刮入锅中间。在高速下继续搅拌60s。各个搅拌阶段，时间误差应在±1s以内。一般情况下，都是使用自动模式。

④ 用振实台成型。胶砂制备后立即进行成型。将空试模和模套（40mm×40mm×40mm）固定在振实台上，用一个适当的勺子直接从搅拌锅里将胶砂分两层装入试模，装第一层时，每个槽里约放300g胶砂，用大拨料器垂直架在模套顶部，沿每个模槽来回一次将料层拨平，接着振实60下。再装入第二层胶砂，用小拨料器拨平，再振实60下。移走模套，从振实台上取下试模，用一金属直尺以近似90°的角度架在试模模顶的一端，然后沿试模长度方向以横向锯割动作慢慢向另一端移动，一次将超过试模部分的胶砂刮去，并用同一直尺以近乎水平的情况将试件表面抹平。在试模上做标记或加字条标明试件编号和试件相对于振实台的位置。

五、数据记录及处理

（1）记录实验室的温度和相对湿度、雾室温度和试件养护池水温度。
（2）记录添加胶砂的各种成分的准确质量配比。
（3）在试模上做标记或加字条标明试件编号。

六、思考题

振实台成型的原理是什么？

实验15 水泥混凝土的制备

一、实验目的

（1）掌握水泥混凝土试件的制备方法。

（2）正确使用仪器并熟悉性能。

（3）了解水泥混凝土制备过程中发生的化学反应。

二、实验设备及器材

搅拌机（容量 75～100L，转速 18～22r/min）、磅秤（称量 50kg，感量 50g）、天平（称量 5kg，感量 1g）、量筒（200mL、100mL 各一只）、拌板（1.5m×2.0m 左右）、拌铲、盛器、抹布等。

三、实验原理

将水泥、砂、碎石、水、减水剂或其他胶凝材料（粉煤灰、矿粉、硅灰）按照一定比例混合，由于胶凝材料发生水化反应，生成 C—S—H 凝胶、CH 和其他产物，将砂、碎石胶结在一起，形成在初期具有一定流动性和后期具有一定强度的水泥石结构。

四、实验内容和步骤

1. 人工拌和

（1）按所定配合比备料，以全干状态为准。

（2）将拌板和拌铲用湿布润湿后，将砂倒在拌板上，然后加入水泥，用拌铲自拌板一端翻拌至另一端，然后再翻拌回来，如此重复直至颜色混合均匀，再加入石子翻拌至混合均匀为止。

（3）将干混合料堆成堆，在中间做一凹槽，在凹槽中将已称量好的水倒入一半左右（勿使水流出），然后仔细翻拌，并徐徐加入剩余的水，继续翻拌。每翻拌一次，用拌铲在混合料上铲切一次，直至拌和均匀为止。

（4）拌和时力求动作敏捷，拌和时间从加水时算起，应大致符合以下规定：拌合物体积为 30L 以下时为 4～5min；拌合物体积为 30～50L 时为 5～9min；拌合物体积为 51～75L 时为 9～12min。

（5）拌好后，根据实验要求，即可做拌合物的各项性能实验或成型试件。从开始加水至全部操作结束必须在 30min 内完成。

2. 机械搅拌

（1）按所定配合比备料，以全干状态为准。

（2）预拌一次，即用按配合比称量的水泥、砂和水组成的砂浆和少量石子，在搅拌机中涮膛，然后倒出多余的砂浆，其目的是使水泥砂浆先黏附满搅拌机的筒壁，以免正式拌和时影响混凝土的配合比。

（3）开动搅拌机，将石子、砂和水泥依次加入搅拌机内，干拌均匀，再将水徐徐加入。全部加料时间不得超过 2min。水全部加入后，继续拌和 2min。

（4）将拌合物从搅拌机中卸出，倒在拌板上，再经人工拌和 1～2min，即可做拌合物的各项性能实验或成型试件。从开始加水时算起，全部操作必须在 30min 内完成。

五、注意事项

（1）在实验室拌制混凝土进行实验时，拌和用的集料应提前运入室内。拌和时实验室的温度应保持在（20±5）℃。

（2）材料用量以质量计，称量的精确度：集料为 ±1%；水、水泥和外加剂均为 ±0.5%。混凝土试配时的最小搅拌量为：当集料最大粒径小于 30mm 时，拌制数量为 15L，最大粒径为 40mm 时，拌制数量为 25L。搅拌量不应小于搅拌机额定搅拌量的 1/4。

六、数据记录及处理

（1）记录拌合物的具体体积和拌和的时间。
（2）记录集料的最大粒径并测算所需要的拌制数量。

七、思考题

（1）为何拌合物的体积不同，拌和的时间也不同？
（2）集料的最大粒径与所需要的拌制数量的关系原理是什么？

实验16 沥青混合料试件的成型（I击实法，II轮碾法）

一、实验目的

（1）学会使用沥青混合料拌和机、马歇尔电动击实仪及沥青混合料轮碾成型机等实验设备的操作方法。

（2）掌握实验室成型沥青混合料马歇尔试件的操作步骤。

（3）重点掌握沥青混合料拌和过程中的温度参数。

二、实验设备及器材

（1）烘箱：能加热到180℃。

（2）马歇尔电动击实仪。

（3）沥青混合料拌和机、沥青混合料轮碾成型机。

（4）电子天平、电炉。

三、实验内容和步骤

实验准备

（1）按规定配合比对沥青混合料用各档集料进行称量配料，每份质量为5000g（击实法）、12000g（轮碾法）。然后将称量好的集料放入料盘并放入烘箱中加热至恒温（一般需要3～4h），烘箱温度为180℃。

（2）将加热好的集料倒入沥青混合料拌锅内（拌锅温度设定为165℃），然后称量沥青并加入，关闭拌锅并搅拌90s后打开拌锅，加入矿粉后再拌和90s，拌和过程完成。

（3）拌合沥青混合料成型。

I击实法成型

（1）将拌好的沥青混合料均匀称取一个试件所需的用量（标准马歇尔试件约1200g）。当已知沥青混合料的密度时，可根据试件的标准尺寸计算并乘以1.03得到要求的混合料用量。当一次拌和几个试件时，宜将其倒入经预热的金属盘中，用小铲适当拌和均匀，分成几份，分别取用。在试件制作过程中，为防止混合料温度下降，应连盘放在烘箱中保温。

（2）从烘箱中取出预热的试模及套筒，用沾有少许黄油的棉纱擦拭套筒、底座及击实锤底面，将试模装在底座上，垫一张圆形的吸油性小的纸，按四分法从四个方向用小铲将混合料铲入试模中，用插刀或大螺丝刀沿周边插捣15次，中间10次。插捣后将沥青混合料表面整平成凸圆弧面。对大型马歇尔试件，混合料分两次加入，每次插捣次数同上。

（3）插入温度计至混合料中心附近，检查混合料温度。

（4）待混合料温度符合要求的压实温度后，将试模连同底座一起放在击实台上固定，在装好的混合料上面垫一张吸油性小的圆纸，再将装有击实锤及导向棒的压实头插入试模中，然后开启电动机进行击实，击实次数为 75 次或 50 次对大型马歇尔试件，击实次数为 75 次（相应于标准击实 50 次的情况）或 112 次（相应于标准击实 75 次的情况）。

（5）试件击实一面后，取下套筒，将试模掉头，装上套筒，然后以同样的方法和次数击实另一面。

（6）试件击实结束后，立即用镊子取掉上下面的纸，用卡尺量取试件离试模上口的高度并由此计算试件高度，如高度不符合要求，试件应作废，并按下式调整试件的混合料质量，以保证高度符合 63.5mm±1.3mm（标准试件）的要求。

$$调整后混合料质量 = \frac{要求试件高度 \times 原用混合料质量}{所得试件的高度}$$

卸去套筒和底座，将装有试件的试模横向放置冷却至室温后（不少于 12h），置脱模机上脱出试件。如急需实验，允许采用电风扇冷吹 1h 或浸水冷却 3min 以上的方法脱模，但浸水脱模法不能用于测量密度、空隙率等各项物理指标。

Ⅱ 轮碾法成型

（1）将预热的试模从烘箱中取出，装上试模框架，在试模中铺一张裁好的普通纸（可用报纸），使底面及侧面均被纸隔离，将拌和好的全部沥青混合料（注意不得散失，分两次拌和的应倒在一起），用小铲稍加拌和后均匀地沿试模按由边至中的顺序转圈装入试模，中部要略高于四周。

（2）取下试模框架，用预热的小型击实锤由边至中转圈夯实一遍，整平成凸圆弧形。

（3）插入温度计，待混合料稍冷至压实温度（为使冷却均匀，试模底下可用垫木支起）时，在表面铺一张裁好尺寸的普通纸。

（4）当用轮碾机碾压时，宜先将碾压轮预热至 100℃ 左右。然后，将盛有沥青混合料的试模置于轮碾机的平台上，轻轻放下碾压轮，调整总荷载为 9kN（线荷载 300N/cm）。

（5）启动轮碾机，先在一个方向碾压 2 个往返，卸荷，再抬起碾压轮，将试件调转方向，再加相同荷载碾压至马歇尔标准密实度 100%±1% 为止。试件正式压实前，应经试压，决定碾压次数，一般 12 个往返左右可达要求。

（6）压实成型后，揭去表面的纸，用粉笔在试件表面标明碾压方向。

四、数据记录及处理

脱模后试件相应的高度及质量记录表见表 16-1。

表 16-1　脱模后试件相应的高度及质量记录表

组别		质量 m/g	高度 h/mm	实验结果是否满足标准
Ⅰ （击实法）	1			
	2			
	3			
	4			

组别		质量 m/g	高度 h/mm	实验结果是否满足标准
Ⅱ （轮辗法）	1			
	2			
	3			
	4			

五、思考题

（1）论述沥青混合料应具备的主要技术性能及其评定方法。

（2）分析实验过程中有哪些因素可能影响实验结果。

实验17　细集料筛分实验

一、实验目的

（1）掌握混凝土细集料（天然砂和机制砂）的筛分实验方法。

（2）掌握分计筛余、累计筛余、细度模数的计算方法。

（3）测定混凝土细集料的颗粒级配，计算细度模数。

二、实验仪器及器材

（1）鼓风干燥箱：能使温度控制在（105±5）℃。

（2）摇筛机。

（3）天平（称量1000g）、搪瓷盘、毛刷等。

（4）标准筛：孔径为 9.50mm、4.75mm、2.15mm、1.18mm、0.60mm、0.30mm、0.15mm 的方孔筛各一只，并附有筛盖和筛底。

三、实验原理

用不同孔径的标准筛对砂进行逐级筛分，然后测量每级筛上筛余量，根据每级标准筛筛孔尺寸和筛余量计算砂的细度模数，并评价被测试样的颗粒级配。

四、实验内容和步骤

（1）试样准备。将用于实验的试样筛除大于9.50mm的颗粒（并计算出筛余率），并将试样缩分至约1100g，放在干燥箱中，在（105±5）℃下烘干至恒量（恒量是指试样在烘干3h以上的情况下，其前后质量之差不大于该项实验所要求的称量精度），待冷却至室温后，分为大致相等的两份备用。

（2）混凝土用砂按照下列步骤进行筛分。称取试样500g（m），精确至0.5g。将试样倒入按孔径大小从上到下组合的附带筛底的套筛上，盖上筛盖，然后进行筛分。

将套筛置于摇筛机上，摇10min。取下套筛，按筛孔大小顺序再逐个用手筛，筛至每分钟通过量小于试样总量的0.1%为止。通过的试样并入下一号筛中，并和下一号筛中的试样一起过筛，依此顺序进行，直至各号筛全部筛完为止。称量各号筛的筛余试样的质量（m_i），精确至0.5g。试样在各号筛上的筛余量不得超过 $G = \dfrac{A \times d^{1/2}}{200}$ 计算出的量。式中，G 为某个筛上的筛余量，g；A 为筛面面积，mm^2；d 为筛孔尺寸，mm。超过时应按下列方法之一处理：

① 将该粒级试样分成少于按上式计算出的量，分别筛分，并以筛余量之和作为该号筛

的筛余量。

② 将该粒级及以下各粒级的筛余混合均匀，称出其质量，精确至 1g，再用四分法缩分为大致相等的两份，取其中一份，称出其质量，精确至 1g，继续筛分。计算该粒级及以下各粒级的分计筛余量时应根据缩分比例进行修正。

所有各筛的分计筛余量和底盘中剩余量的总量与筛分前的试样总量相比，相差不得超过 1%。

五、数据记录及处理

（1）细集料筛分实验记录表如表 17-1 所示。

表 17-1　细集料筛分实验记录表

试样质量 m/g	筛孔尺寸 /mm	各筛筛余试样质量 m_i/g			分计筛余率 a_i/%	累计筛余率 A_i/%	通过率 P_i /%
		第一次	第二次	平均值			
	9.50						
	4.75						
	2.15						
	1.18						
	0.60						
	0.30						
	0.15						
	筛底						
	合计						
细度模数 $M_x=$							

（2）分计筛余率 a_i 计算。各号筛的筛余试样质量 m_i 与试样总质量 m 之比，计算精确至 0.1%。

（3）累计筛余率 A_i 计算。该号筛的分计筛余率加上该号筛以上各分计筛余率之和。

（4）质量通过率 P_i 计算。通过率等于 100 减去该号筛的累计筛余率，精确至 0.1%。

（5）砂的细度模数按 $M_x=\dfrac{(A_2+A_3+A_4+A_5+A_6)-5A_1}{100-A_1}$ 计算，精确至 0.01。式中，M_x 为细度模数；A_1、A_2、A_3、A_4、A_5、A_6 分别为 4.75mm、2.15mm、1.18mm、0.60mm、0.30mm、0.15mm 方孔筛的累计筛余率，%。

（6）累计筛余率取两次实验结果的算术平均值，精确至 1%。细度模数取两次实验结果的算术平均值，精确至 0.1。如两次实验的细度模数之差超过 0.20 时，应重新实验。

（7）根据各号筛的累计筛余率，采用修约值比较法评定该试样的颗粒级配。

六、思考题

（1）细集料的细度模数与颗粒粒径的关系如何？测定细集料的颗粒级配和细度模数有何意义？

（2）当细集料的颗粒级配不符合混凝土配制要求时，如何进行调整？

第二部分 性能测试实验

实验18 金相显微镜观察材料的显微结构

一、实验目的

(1) 了解金相显微镜的构造和原理。
(2) 掌握金相显微镜的使用方法。

二、实验设备及器材

金相显微镜。

三、实验原理

金相分析是研究材料内部组织和缺陷的主要方法之一,它在材料研究中占有重要的地位。利用金相显微镜将试样放大 100~1500 倍来研究材料内部组织的方法称为金相显微分析法,是研究金属材料微观结构最基本的一种实验技术。金相显微分析可以研究材料内部的组织与其化学成分的关系;可以确定各类材料经不同加工及热处理后的显微组织;可以判别材料质量的优劣,如金属材料中诸如氧化物、硫化物等各种非金属夹杂物在显微组织中的大小、数量、分布情况及晶粒度的大小等。在现代金相显微分析中,使用的主要仪器有光学显微镜和电子显微镜两大类。金相显微镜用于鉴别和分析各种材料内部的组织;用于原材料的检验、铸造、压力加工、热处理等一系列生产过程的质量检测与控制;用于新材料、新技术的开发以及跟踪世界高科技前沿的研究工作。因此,金相显微镜是材料领域生产与研究中研究金相组织的重要工具。

1. 显微镜的成像原理

众所周知,放大镜是最简单的一种光学仪器,它实际上是一块会聚透镜,利用它可以将物体放大。其成像光学原理如图 18-1 所示。

当物体 AB 置于透镜焦距 f 以外时,得到倒立的放大实像 A'B' [图 18-1(a)],它的位置在 2 倍焦距以外。若将物体 AB 放在透镜焦距内，就可看到一个放大正立的虚像 A′B′ [图 18-1(b)]。映像的长度与物体长度之比（A′B′/AB）就是放大镜的放大倍数（放大率）。若放大镜到物体之间的距离 a 近似等于透镜的焦距（$a \approx f$），而放大镜到像间的距离 b 近似于人眼明视距离（250mm），则放大镜的放大倍数为：$N = b/a = 250/f$。由上式知，透镜的焦距越短，放大镜的放大倍数越大。一般采用的放大镜焦距在 $10 \sim 100$mm 范围内，因而放大倍数在 $2.5 \sim 25$ 倍。进一步提高放大倍数，将会由于透镜焦距缩短和表面曲率过分增大而使形成的映像变得模糊不清。为了得到更高的放大倍数，就要采用显微镜，显微镜可以使放大倍数达到 $1500 \sim 2000$ 倍。

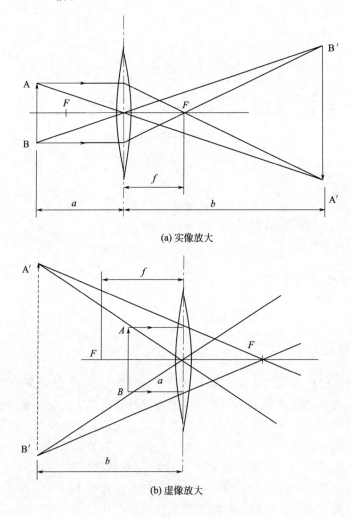

(a) 实像放大

(b) 虚像放大

图 18-1 放大镜成像光学原理图

显微镜不像放大镜那样由单个透镜组成，而是由两级特定透镜组成。靠近被观察物体的透镜叫做物镜，而靠近眼睛的透镜叫做目镜。借助物镜与目镜的两次放大，就能将物体放大到很高的倍数（2000 倍）。图 18-2 是在显微镜中得到放大物像的光学原理图。

被观察的物体 AB 放在物镜之前距其焦距略远一些的位置，由物体反射的光线穿过物镜，经折射后得到一个放大的倒立实像 A′B′，目镜再将实像 A′B′放大成倒立虚像 A″B″，这就是我们在显微镜下研究实物时所观察到的经过二次放大后的物像。

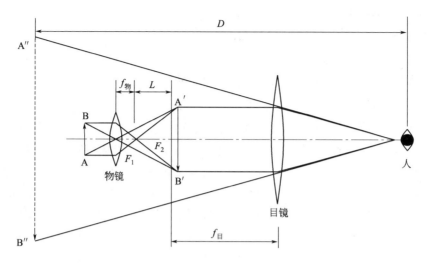

图 18-2　显微镜成像光学原理图

在设计显微镜时，让物镜放大后形成的实像 A′B′位于目镜的焦距 $f_目$ 之内，并使最终的倒立虚像 A″B″在距眼睛 250mm 处成像，这时观察者看得最清晰。

透镜成像规律是依据近轴光线得出的结论。近轴光线是指与光轴接近平行（即夹角很小）的光线。由于物理条件的限制，实际光学系统的成像与近轴光线成像不同，两者存在偏离，这种相对于近轴成像的偏离就叫做像差。像差的产生降低了光学仪器的精确性。

显微镜的质量主要取决于透镜的质量、放大倍数和鉴别能力。物镜是由若干个透镜组合而成的一个透镜组。组合使用的目的是克服单个透镜的成像缺陷，提高物镜的光学质量。显微镜的放大作用主要取决于物镜，物镜质量的好坏直接影响显微镜映像质量。物镜是决定显微镜的分辨率和成像清晰程度的主要部件，所以对物镜的校正是很重要的。

2. 物镜的性质

物镜的放大倍数，是指物镜在线长度上放大实物倍数的能力指标。有两种表示方法，一种是直接在物镜上刻度出如 8×、10×、45× 等放大倍数；另一种则是在物镜上刻度出该物镜的焦距 f，焦距越短，放大倍数越高。后一种物镜放大倍数公式为 $M_物 = L / f_物$，L 是光学镜筒长度，L 值在设计时是很准确的，但实际应用时，因不好量度，常用机械镜筒长度。机械镜筒长度是指从显微镜的物镜底面到目镜接口处的直线距离。每一物镜上都用数字标明了机械镜筒长度。

3. 目镜的性质

目镜也是显微镜的主要组成部分，它的主要作用是将由物镜放大所得的实像再次放大，从而在明视距离处形成一个清晰的虚像，因此它的质量将最后影响到物像的质量。在显微照相时，在毛玻璃处形成的是实像。

某些目镜（如补偿目镜）除了有放大作用外，还能将物镜造像过程中产生的残余像差予以校正。目镜的构造比物镜简单得多。因为通过目镜的光束接近平行状态，所以球面像差及纵向（轴向）色差不严重。设计时只考虑横向色差（放大色差）。目镜由两部分组成，位于上端的透镜称目透镜，起放大作用；下端透镜称会聚透镜或场透镜，使映像亮度均匀。在上下透镜的中间或下透镜下端，设有一光阑，目镜测微计、十字玻璃、指针等附件均安装于此。目镜的孔径角很小，故其本身的分辨率甚低，但对物镜的初步映像进行放大已经足够。

常用的目镜放大倍数有 8×、10×、12.5×、16×等多种。

在使用显微镜观察物体时，应根据其组织的粗细情况，选择适当的放大倍数。以细节部分观察得清晰为准，盲目追求过高的放大倍数，会带来许多缺陷。因为放大倍数与透镜的焦距有关，放大倍数越大，焦距必须越小，同时所看到物体的区域也越小。

4.金相显微镜的构造

金相显微镜主要由光学系统、机械调节系统和照明系统组成。在光学系统中，显微镜的光路比放大镜复杂，光线由灯泡发出，经聚光镜组会聚，由反光镜将光线均匀半聚集在孔径光阑上，经过聚光镜组，再将光线透过半反射镜聚集在物镜组的后焦面，这样就使物体得到科勒照明。由物体表面反射回来的光线复经过物镜组和辅助透镜到半反射镜而折转向辅助透镜，以及棱镜等一系列光学系统造成倒立放大的实像，由目镜再度放大。机械调节系统主要包括底座、粗动调焦装置、微动调焦装置、载物台、孔径光阑和视场光阑、物镜转换器和目镜管等。照明系统一般包括光源、照明器、光阑、滤色片等。金相显微镜中的照明法，对观察、照相、测定结果质量是重要的影响因素。正确的照明法不能降低亮度和分辨率，进行照明时不能有光斑和不均匀现象。金相显微镜的照明系统应满足下列基本要求：首先，光源要有足够的照明亮度，以保证金相试样上被观察的整个视场范围内得到足够强的、均匀的照明；其次，应有可调节的孔径光阑，一来可控制试样上物点进入物镜成像，二来可调节光束孔径角的大小，以适应不同物镜数值孔径的要求，充分发挥物镜的分辨能力；再次，应有可调节的视场光阑，可控制试样表面被照明区域的大小，以适应不同目镜、物镜组合时有不同的显微视场的要求，并同时拦截系统中有害的杂散光。

四、实验内容和步骤

（1）将光源插头接上电源变压器，然后将变压器接上户内 220V 电源即可使用。照明系统在出厂前已经经过校正。

（2）结合显微镜实体，掌握显微镜的光学成像原理。仔细了解显微镜的结构及各组件如光源、光阑、暗场和偏光装置、目镜和物镜等的作用，熟悉物镜和目镜的标记。

（3）装上各个物镜，合理匹配物镜和目镜，调节孔径光阑和视场光阑，在载物台上放好样品，使被观察表面放置在载物台当中。如果是小试样，可用弹簧压片把它压紧，同时避免碰触透镜。如选用某种放大倍率，可参照总倍率表来选择目镜和物镜。

（4）使用低倍物镜观察调焦时，注意避免镜头与试样撞击，可从侧面注视物镜，将载物台尽量下移，直至镜头几乎与试样接触（但切不可接触），再从目镜中观察。此时应先用粗调节手轮调节至初见物像，再改用细调节手轮调节至物像十分清楚为止。切不可用力过猛，以免损坏镜头，影响物像观察。当使用高倍物镜观察，或使用油浸系物镜时，必须先注意极限标线，务必使支架上的标线保持在齿轮箱外面二标线的中间，使微动手轮留有适当的升降余量。当转动粗动手轮时，要小心地将载物台缓缓下降，当目镜视野里刚出现了物像轮廓后，立即改用微动手轮作正确调焦至物像最清晰为止。

（5）使用油浸系物镜前，将载物台升起，用一支光滑洁净小棒蘸上一滴杉木油，滴在物镜的前透镜上，这时要避免小棒碰压透镜及不宜滴上过多的油，否则会弄伤或弄脏透镜。

（6）为配合各种不同数值孔径的物镜，设置了大小可调的孔径光阑和视场光阑，其目的是获得良好的物像和显微摄影衬度。当使用某一数值孔径的物镜时，先对试样正确调焦，之后，可调节视场光阑，这时从目镜视场里看到了视野逐渐遮蔽，然后再缓缓调节使光阑孔张开，至遮蔽部分恰到视场出现时为止，它的作用是把试样的视野范围之外的光源遮去，以消除表面反射的漫射光。为配合使用不同的物镜和适应不同类型试样的亮度要求设置了大小可调的孔径光阑。转动孔径光阑套圈，使物像达到清晰明亮、轮廓分明的状态。在光阑上刻有分度，表示孔径尺寸。

（7）用金相显微镜观察实验室提供的试样，画出组织示意图。认真体会整个操作过程，初步领会调焦的技巧。

五、注意事项

（1）操作时必须特别谨慎，不能有任何剧烈的动作。不允许自行拆卸光学系统。

（2）严禁用手指直接接触显微镜镜头的玻璃部分和试样磨面。若镜头上落有灰尘，会影响显微镜的清晰度与分辨率。此时，应先用吸耳球吹去灰尘和砂粒，再用镜头纸或毛刷轻轻擦拭，以免直接擦拭时划花镜头玻璃，影响使用效果。

（3）切勿将显微镜的灯泡（6~8V）插头直接插在 220V 的电源插座上，应当插在变压器上，否则会立即烧坏灯泡。观察结束后应及时关闭电源。

（4）在旋转粗动（或微动）手轮时动作要慢，碰到某种阻碍时应立即停止操作，报告指导教师查找原因，不得用力强行转动，否则会损坏机件。

六、数据记录及处理

（1）记录下低倍物镜和高倍物镜观察时的操作过程和观察效果。
（2）绘出实验室提供试样的组织示意图。

七、思考题

为何操作过程中需要使用两个手轮进行调试？

水泥制品、陶瓷制品有关密度物性的测定

一、实验目的

(1) 了解体积密度、吸水率、气孔率等概念的物理意义。
(2) 掌握体积密度、吸水率、气孔率的测定方法。
(3) 了解体积密度、吸水率、气孔率测试中误差产生的原因及防止方法。

二、实验设备及器材

电子天平、煮沸容器、电热干燥箱。

三、实验原理

材料吸水率、气孔率的测定都是基于密度的测定，而密度的测定则基于阿基米德原理。由阿基米德原理可知，浸在液体中的任何物体都要受到浮力（即液体的静压力）的作用，浮力的大小等于该物体排开液体的重量。重量是一种重力的值，但在使用天平进行衡量时，对物体重量的测定归结为对其质量的测定。因此，阿基米德原理可用下式表示：

$$m_1 - m_2 = VD_L \tag{19-1}$$

式中，m_1 为在空气中称量物体时所得物体的质量；m_2 为在液体中称量物体时所得物体的质量；V 为物体的体积；D_L 为液体的密度。这样，物体的体积就可以通过将物体浸于已知密度的液体中，通过测定质量的方法来求得。

在工程测量中，忽略空气浮力的影响可得称量法测定物体密度时的原理公式如下：

$$D = \frac{m_1 D_L}{m_1 - m_2} \tag{19-2}$$

如此则只要测出有关量并代入上式，就可计算出待测物体在温度 T 时的密度。

材料的密度，可以分为真密度与体积密度等。体积密度指不含游离水材料的质量与材料的总体积（包括材料的实体积和全部孔隙所占的体积）之比。当材料的体积是实体积（材料内无气孔）时，则称真密度。

气孔率指材料中气孔体积与材料总体积之比。材料中的气孔有封闭气孔和开口气孔（与大气相通的气孔）两种，因此气孔率含封闭气孔率、开口气孔率和真气孔率。封闭气孔率指材料中的所有封闭气孔体积与材料总体积之比。开口气孔率（也称显气孔率）指材料中的所有开口气孔体积与材料总体积之比。真气孔率（也称总气孔率）则指材料中的封闭气孔体积和开口气孔体积与材料总体积之比。

吸水率指材料试样放在蒸馏水中，在规定的温度和时间内吸水质量和试样原质量之比。在科研和生产实际中往往采用吸水率来反映材料的显气孔率。

无机非金属材料难免含有各种类型的气孔。对于如水泥制品、陶瓷制品等块体材料，其内部含有部分大小不同，形状各异的气孔。这些气孔中的一部分浸渍时能被液体填充。将材料试样浸入可润湿粉体的液体中，抽真空排除气泡，计算材料试样排除液体的体积，便可计算出材料的密度。当材料的封闭气孔全部被破坏时，所测密度即为材料的真密度。为此，对密度、吸水率和气孔率的测定所使用液体的要求是：密度要小于被测的物体，对物体或材料的润湿性好，不与试样发生反应，不使试样溶解或溶胀。最常用的浸液有水、乙醇和煤油等。

测量材料的密度、吸水率和气孔率的方法有真空法和煮沸法，本实验采用煮沸法。

四、实验内容和步骤

（1）将试样表面清洗干净，置于电热干燥箱中于（110±5）℃下烘干至恒重，置于干燥器中冷却至室温，称其质量为 m_1。试样干燥至间隔 1h 的两次连续称量之差小于 0.1% 为止。

（2）将恒重的试样放入盛有蒸馏水的煮沸容器内，在试样之间与容器底部垫以干净纱布，使试样互相不接触。煮沸过程中应保持水面高出试样 50mm。加热蒸馏水至沸腾并保持 2h，然后停止加热，冷却至室温。

（3）将试样置于烧杯或其他清洁容器内，并放于真空干燥器内抽真空至小于 20Torr（1Torr=0.133kPa），保压 5min，然后在 5min 内缓慢注入蒸馏水，直至浸没试样，再保持小于 20Torr 5min。将试样连同容器取出后，在空气中静置 30min。

（4）将饱和试样放入金属丝网篮并悬挂在带溢流管的水容器中，称量饱和试样在液体中的质量 m_2，精确至 0.0001g。

（5）从液体中取出饱和试样，用饱含水的多层纱布，擦去试样表面附着的水分，迅速称量饱和试样在空气中的质量 m_3，精确至 0.0001g。

（6）结果按以下公式计算：

$$W_a=\frac{m_3-m_1}{m_1}\times100\%（吸水率），\quad P_a=\frac{m_3-m_1}{m_3-m_2}\times100\%（气孔率），\quad D_a=\frac{m_1\times D_L}{m_3-m_2}（密度）$$

式中，D_L 为测试温度下浸液的密度，g/cm³。

五、注意事项

（1）熟悉电子天平使用方法，总称量不要超过电子天平的最大称量 120g。
（2）关闭电子天平方能取放试样，要轻拿轻放以免损坏天平，打碎试样。
（3）称量过程中，丝网盘不能接触烧杯，否则会带来称量误差。

六、数据记录及处理

选择三种常规的水泥或陶瓷等 3 种小块块材按照步骤操作，分别记录它们的密度、吸水率和气孔率。

七、思考题

为何要将样品进行加热处理？

实验20　陶瓷薄膜厚度的测量

一、实验目的

（1）了解椭圆偏振光法测量原理和实验方法。
（2）熟悉椭圆偏振光测试仪器的结构和调试方法。
（3）测量介质薄膜样品的厚度。

二、实验设备及器材

椭圆偏振光测试仪。

三、实验原理

在一光学材料上镀各向同性的单层介质膜后，光线的反射和折射在一般情况下会同时存在。通常，设介质层为 n_1、n_2、n_3，φ_1 为入射角，那么在界面 1 和界面 2 处会产生反射光和折射光的多光束干涉，如图 20-1 所示。

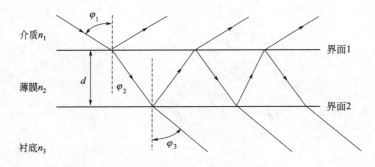

图 20-1　多光束干涉示意图

δ 表示相邻两分波的相位差，其中 $\delta = (2\pi d n_2 \cos\varphi_2)/\lambda$，用 r_{1p}、r_{1s} 表示光线的 p 分量、s 分量在界面 1 处的反射系数，用 r_{2p}、r_{2s} 表示光线的 p 分量、s 分量在界面 2 处的反射系数。由多光束干涉的复振幅计算可知：

$$E_{rp} = \frac{r_{1p} + r_{2p}\,e^{-i2\varphi}}{1 + r_{1p}r_{2p}\,e^{-i2\delta}} E_{ip} \tag{20-1}$$

$$E_{rs} = \frac{r_{1s} + r_{2s}\,e^{-i2\varphi}}{1 + r_{1s}r_{2s}\,e^{-i2\delta}} E_{is} \tag{20-2}$$

式中，E_{ip} 和 E_{is} 分别代表入射光波电矢量的 p 分量和 s 分量；E_{rp} 和 E_{rs} 分别代表反射光波电矢量的 p 分量和 s 分量。现将上述 E_{ip}、E_{is}、E_{rp}、E_{rs} 四个量写成一个量 G，即：

$$G=\frac{E_{\mathrm{r}p}/E_{\mathrm{r}s}}{E_{\mathrm{i}p}/E_{\mathrm{i}s}}=(\tan\psi)\,\mathrm{e}^{i\Delta}=\frac{r_{1p}+r_{2p}\,\mathrm{e}^{-i2\varphi}}{1+r_{1p}r_{2p}\,\mathrm{e}^{-i2\delta}}\times\frac{1+r_{1s}r_{2s}\,\mathrm{e}^{-i2\delta}}{r_{1s}+r_{2s}\,\mathrm{e}^{-i2\varphi}} \tag{20-3}$$

G 被定义为反射系数比，是一个复数，用 $\tan\psi$ 和 Δ 表示它的模和幅角。上述公式的过程量转换可由菲涅耳公式和折射公式给出：

$$r_{1p}=(n_2\cos\varphi_1-n_1\cos\varphi_2)/(n_2\cos\varphi_1+n_1\cos\varphi_2) \tag{20-4}$$

$$r_{2p}=(n_3\cos\varphi_2-n_2\cos\varphi_3)/(n_3\cos\varphi_2+n_2\cos\varphi_3) \tag{20-5}$$

$$r_{1s}=(n_1\cos\varphi_1-n_2\cos\varphi_2)/(n_1\cos\varphi_1+n_2\cos\varphi_2) \tag{20-6}$$

$$r_{2s}=(n_2\cos\varphi_2-n_3\cos\varphi_3)/(n_2\cos\varphi_2+n_3\cos\varphi_3) \tag{20-7}$$

$$2\delta=(4\pi dn_2\cos\varphi_2)/\lambda \tag{20-8}$$

$$n_1\cos\varphi_1=n_2\cos\varphi_2=n_3\cos\varphi_3 \tag{20-9}$$

G 是变量 n_1、n_2、n_3、d、λ、φ_1 的函数（φ_2、φ_3 可用 φ_1 表示），即 $\psi=\tan^{-1}f$，$\Delta=\arg|f|$，称 ψ 和 Δ 为椭偏参数。若能从实验测出 ψ 和 Δ 的话，原则上可以解出 n_2 和 d（n_1、n_3、λ、φ_1 已知），根据式(20-4)～式(20-9)，推导出 ψ 和 Δ 与 r_{1p}、r_{1s}、r_{2p}、r_{2s} 和 δ 的关系：

$$\tan\psi=\left(\frac{r_{1p}^2+r_{2p}^2+2r_{1p}r_{2p}\cos2\delta}{1+r_{1p}^2r_{2p}^2+2r_{1p}r_{2p}\cos2\delta}\times\frac{1+r_{1s}^2r_{2s}^2+2r_{1s}r_{2s}\cos2\delta}{r_{1s}^2+r_{2s}^2+2r_{1s}r_{2s}\cos2\delta}\right)^{1/2} \tag{20-10}$$

$$\Delta=\tan^{-1}\frac{-r_{2p}(1-r_{1p}^2)\sin2\delta}{r_{1p}(1+r_{2p}^2)+r_{2p}(1+r_{1p}^2)\cos2\delta}-\tan^{-1}\frac{-r_{2s}(1-r_{1s}^2)\sin2\delta}{r_{1s}(1+r_{2s}^2)+r_{2s}(1+r_{1s}^2)\cos2\delta} \tag{20-11}$$

由上式经计算机运算，可制作数表或计算程序。这就是椭圆偏振光测试仪测量薄膜的基本原理。若 d 是已知，n_2 为复数的话，也可求出 n_2 的实部和虚部。那么，在实验中是如何测定 ψ 和 Δ 的呢？现用复数形式表示入射光和反射光：

$$\vec{E}_{\mathrm{r}p}=|E_{\mathrm{r}p}|\,\mathrm{e}^{i\beta_{\mathrm{i}p}}\quad\vec{E}_{\mathrm{i}s}=|E_{\mathrm{i}s}|\,\mathrm{e}^{i\beta_{\mathrm{i}s}}\quad\vec{E}_{\mathrm{r}p}=|E_{\mathrm{r}p}|\,\mathrm{e}^{i\beta_{\mathrm{r}p}}\quad\vec{E}_{\mathrm{r}s}=|E_{\mathrm{r}s}|\,\mathrm{e}^{i\beta_{\mathrm{r}s}} \tag{20-12}$$

由式(20-3) 和式(20-12)，得：

$$G=\tan\psi\,\mathrm{e}^{i\Delta}=\frac{|E_{\mathrm{r}p}/E_{\mathrm{r}s}|}{|E_{\mathrm{i}p}/E_{\mathrm{i}s}|}\,\mathrm{e}^{i[(\beta_{\mathrm{r}p}-\beta_{\mathrm{r}s})-(\beta_{\mathrm{i}p}-\beta_{\mathrm{i}s})]} \tag{20-13}$$

其中：

$$\tan\psi=\frac{|E_{\mathrm{r}p}/E_{\mathrm{r}s}|}{|E_{\mathrm{i}p}/E_{\mathrm{i}s}|},\quad\mathrm{e}^{i\Delta}=\mathrm{e}^{i[(\beta_{\mathrm{r}p}-\beta_{\mathrm{r}s})-(\beta_{\mathrm{i}p}-\beta_{\mathrm{i}s})]} \tag{20-14}$$

这时需测四个量，即分别测入射光中的两分量振幅比和相位差及反射光中的两分量振幅比和相位差，如设法使入射光为等幅椭偏光，$E_{\mathrm{i}p}/E_{\mathrm{i}s}=1$，则 $\tan\psi=|E_{\mathrm{r}p}/E_{\mathrm{r}s}|$；对于相位角，有：

$$\Delta=(\beta_{\mathrm{r}p}-\beta_{\mathrm{r}s})-(\beta_{\mathrm{i}p}-\beta_{\mathrm{i}s})\Rightarrow\Delta+(\beta_{\mathrm{i}p}-\beta_{\mathrm{i}s})=(\beta_{\mathrm{r}p}-\beta_{\mathrm{r}s}) \tag{20-15}$$

因入射光 $\beta_{\mathrm{i}p}-\beta_{\mathrm{i}s}$ 连续可调，调整仪器使反射光成为线偏光，即 $\beta_{\mathrm{r}p}-\beta_{\mathrm{r}s}=0$ 或 π，则 $\Delta=-(\beta_{\mathrm{i}p}-\beta_{\mathrm{i}s})$ 或 $\Delta=\pi-(\beta_{\mathrm{i}p}-\beta_{\mathrm{i}s})$，可见 Δ 只与反射光的 p 波和 s 波的相位差有关，可从起偏器的方位角算出。对于特定的膜，Δ 是定值，只要改变入射光两分量的相位差（$\beta_{\mathrm{i}p}-\beta_{\mathrm{i}s}$），肯定会找到特定值使反射光成线偏光。实际检测方法是平面偏振光通过四分之一波片，使得具有 $\pm\pi/4$ 相位差。

在波长、入射角、衬底参数一定时，Δ 和 φ 是膜厚 d 和折射率 n 的函数。一定厚度的膜，旋转起偏器总可以找到某一方位角，使反射光变为线偏振光。这时再转动检偏器，当检偏器的方位角与样品上的反射光的偏振方向垂直时，光束不能通过，出现消光现象。消光时，Δ 和 φ 分别由起偏器的方位角 P 和检偏器的方位角 A 决定。把 P 值和 A 值分别换算成 Δ 和 φ 后，再利用公式和图表就可得到透明膜的折射率 n 和膜厚 d。

SGC-2 型自动椭偏仪，采用 632.8nm 波长的氦氖激光器作为单色光源，入射角和反射角均可在 90°内自由调节，样品台可绕纵轴转动，其高度和水平可以调节，样品台可绕纵轴转动，其高度和水平可以调节。检偏器旁边有一个观察窗，窗下的旋钮用以改变经检偏器出射的光或者使其射向光电倍增管。为了保护光电倍增管，该旋钮的位置应该经常放在观察窗位置。该椭偏仪自动化程度高，光路调试完毕后只要装上待测样品，点击计算机上的相应菜单，输入相应的参数，即可自动完成起偏器、检偏器的调节，找出消光点，并直接给出待测样品的 d 和 n_2 的值。

四、实验内容和步骤

（1）接通激光电源，转动反射光管，使其与入射光管夹角为 140°（$\varphi=70°$），然后将位置固定。

（2）把样品放在样品台，使光经样品反射后能进入反射光管。

（3）把 1/4 波片的快轴呈 +45°放置，并把起偏器、检偏器的方位先置零。同时转动起偏器和检偏器找出第一个消光位置，并从起偏器和检偏器上分别读出起偏角 P_1 和检偏角 A_1，并记录下来。

（4）把起偏器转到大约 $-P_1$ 处，与第一次转动检偏器相反的方向转动检偏器（同时轻动检偏器），找出第二个消光位置，读出起偏角 P_2 及检偏角 A_2。

（5）将 1/4 波片的快轴呈 $-45°$放置，重复步骤（3）、（4）。

五、数据记录及处理

记录步骤（3）的起偏角 P_1 和检偏角 A_1，再记录读出的起偏角 P_2 及检偏角 A_2。

六、思考题

如果 1/4 波片的角度放置有偏差，会出现什么现象，如何解释？

实验21 陶瓷材料维氏硬度测定

一、实验目的

（1）了解维氏硬度计测量原理和实验方法。
（2）测量陶瓷样品的维氏硬度。

二、实验设备及器材

维氏硬度计。

三、实验原理

用夹角 α 为 $136°$ 的金刚石四方角锥体压入试样，如图 21-1 所示，以单位压痕面积所受载荷表示材料的硬度。即 $HV = 0.102\dfrac{F}{S} = \dfrac{0.2F}{d^2}\sin\dfrac{\alpha}{2}$，式中，$F$ 为载荷，N；S 为压痕表面积，mm^2；d 为压痕对角线长度的平均值，mm。也可根据对角线长度 d，查表确定硬度值。

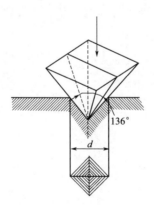

图 21-1　维氏硬度计示意图

测量条件如下。

（1）测量前必须将被测量面磨平整、抛亮，不能有划痕、污痕及其他杂物，如：油、氧化层和磨屑等。

（2）被测量面的厚度必须确保卸除载荷后，测量面的反面没有变形。一般其厚度≥1.5 倍压痕对角线长度。

（3）硬度计必须放置在非常稳固的平台上，压力头及其轴必须保持垂直。要每次用标准硬度块校验硬度仪是否有系统误差。

（4）测量维氏硬度，一般在（23±5)℃的环境温度下进行。如该材料对温度较敏感，受温度波动影响较大，则应根据该材料的特性确定合理的环境温度。

四、实验内容和步骤

（1）测量时，必须将被测量面放置在与硬度仪压头轴线相垂直的位置，将被测量零件放稳，夹牢。对于外形很小或形状不规则的样品，一定要用很可靠的方式（包括用专用夹具）将它们夹持牢靠。

（2）调整放置被测量零件支撑平台高度，直至从目镜能非常清楚地看到被测量表面。如该表面不光亮，不平整，则需重新抛光。

（3）移转目镜，将压头对准被测量面，在被测量面上选取测试点时，须注意各测试点之间的距离必须大于4倍的测试点凹坑对角线长度，测试点中心到被测量零件边缘距离必须大于2.5倍测试点凹坑对角线长度。

（4）施加压力时，必须缓慢操作，逐渐加压，不能产生任何震动和冲击。并且确保因操作而使运动部件产生的惯性矩对测量结果产生的影响可忽略不计（操作越慢，影响越小）。此外，如无特别说明，测试压力应尽可能选用较大的压力，压力保持时间一般应有10~15s。

（5）读取对角线长度时，要注意其精度须读到对角线长度的0.4%或0.2μm，具体视所用仪器精度情况而定。

（6）根据测量的对角线长度计算样品的维氏硬度。

五、数据记录及处理

（1）记录所施加的压力及缓慢操作的时长。

（2）记录读取的对角线长度，并根据其数值算出样品的维氏硬度。

六、思考题

维氏硬度的测试对样品有何要求？

四探针方法测量半导体的电阻率

一、实验目的

（1）掌握四探针法测量半导体材料电阻率和方块电阻的基本原理。
（2）掌握半导体电阻率和方块电阻的测量方法。
（3）掌握半导体电阻率和方块电阻的换算。
（4）了解和控制各种影响测量结果的不利因素。

二、实验设备及器材

四探针测试仪、表面平整的半导体样品。

三、实验原理

电阻率是决定半导体材料电学特性的重要参数，它为自由载流子浓度和迁移率的函数。半导体材料电阻率的测量方法有多种，其中四探针法具有设备简单、操作方便、测量精度高，以及对样品的形状无严格的要求等优点，是目前检测半导体材料电阻率的主要方法。

直线型四探针法是用针距为 s（通常情况 $s = 1\text{mm}$）的四根金属探针同时排成一列压在平整的样品表面上，如图 22-1 所示，其中最外部两根（图 22-1 中 1、4 两探针）与恒定电流源连通，由于样品中有恒定电流 I 通过，所以将在探针 2、3 之间产生压降 V。

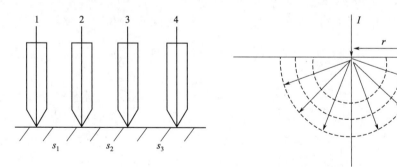

图 22-1　四探针法测量原理图

对于三维尺寸都远大于探针间距的半无穷大均匀电阻率的样品，若样品的电阻率为 ρ，由探针流入的点电流源的电流为 I，则均匀导体内恒定电场的等电位面为一系列球面。以 r 为半径的半球面面积为 $2\pi r$，距离点电源 r 处形成的电势 V_r 为

$$V_r = \frac{I\rho}{2\pi r} \tag{22-1}$$

同理，当电流由探针流向样品时，在 r 处形成的电势 V_r 为

$$V_r = \frac{I\rho}{2\pi r} \tag{22-2}$$

可以看到，探针 2 处的电势 V_2 是处于探针点电流源 $+I$ 和处于探针 4 处的点电流源 $-I$ 贡献之和，因此：

$$V_2 = \frac{I\rho}{2\pi}\left(\frac{1}{s} - \frac{1}{2s}\right) \tag{22-3}$$

同理，探针 3 处的电势 V_3 为

$$V_3 = \frac{I\rho}{2\pi}\left(\frac{1}{2s} - \frac{1}{s}\right) \tag{22-4}$$

探针 2 和 3 之间的电势差 V_{23} 为

$$V_{23} = V_2 - V_3 = \frac{I\rho}{2\pi s} \tag{22-5}$$

由此可得出样品的电阻率为

$$\rho = 2\pi s \frac{V_{23}}{I} \tag{22-6}$$

由式(22-1)～式(22-6)可知，利用等距直线排列的四探针法，已知相连探针间距 s，测出流过探针 1 和探针 4 的电流强度 I、探针 2 和探针 3 之间的电势差 V_{23}，就能求出半导体样品的电阻率。上述公式是在半无穷大样品的基础上导出的，要求样品厚度及边缘与探针之间的最近距离大于 4 倍探针间距。

对于不满足半无穷大的样品，当两根外探针通以电流 I 时，在两根内探针之间仍可测到电势差 V_{23}，这时，可定义一个表观电阻率 ρ_0

$$\rho_0 = \frac{2\pi s}{B_0} \times \frac{V_{23}}{I} \tag{22-7}$$

引进修正因子 B_0。已有人根据一些常用的样品情况对 B_0 的数值做了计算。通常选择电流 $I = \frac{2\pi s}{B_0} \times 10^{-3}$，由式(22-7)可知，$V_{23} \times 10^3$ 即为电阻率的数值。因此测试时应选择合适的电流，电流太小，检测电压有困难；电流太大会由于非平衡载流子注入或发热引起电阻率降低。

对于高阻半导体样品，光电导效应和探针与半导体形成金属-半导体肖特基接触的光生伏特效应可能严重地影响电阻率测试结果，因此对于高阻样品，测试时应该特别注意避免光照。对于热电材料，为了避免温差电动势对测量的影响，一般采用交流两探针法测量电阻率。在半导体器件生产中，通常用四探针法来测量扩散层的薄层电阻。在 P 型或 N 型单晶衬底上扩散的 N 型杂质或 P 型杂质会形成 PN 结。由于反向 PN 结的隔离作用，可将扩散层下面的衬底视作绝缘层，因而可由四探针法测出扩散层的薄层电阻，当扩散层的厚度 $< 0.53s$，并且晶片面积相对于探针间距可视作无穷大时，样品薄层电阻为

$$R_s = \frac{\pi}{\ln 2} \times \frac{V}{I} \tag{22-8}$$

薄层电阻也称为方块电阻 $R_\square$。长 L 和宽 W 相等的方块的电阻称为方块电阻 R。如果均匀导体是一宽为 W、厚度为 d 的薄层，如图 22-2 所示，则

$$R_\square = \rho \frac{L}{S} = \rho \frac{L}{dW} = \frac{\rho}{d} \tag{22-9}$$

$R_\square$ 单位为 $\Omega/\square$。可见，R 阻值大小与正方形的边长无关，仅仅与薄膜的厚度有关，故取名为方块电阻。用等距直线排列的四探针法，测量薄层厚度 d 远小于探针间距 s 的无穷大薄层样品，得到的电阻称为薄层电阻。

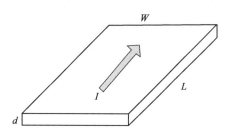

图 22-2　薄层电阻示意图

在用四探针法测量半导体的电阻率时，要求探头边缘到材料边缘的距离远远大于探针间距，一般要求 10 倍以上，要在无振动的条件下进行，要根据被测对象给予探针一定的压力，否则探针振动会引起接触电阻变化。光电导效应和光电压效应严重影响电阻率测量，因此要在无强光直射的条件下进行测量。半导体有明显的电阻率温度系数，过大的电流会导致电阻加热，所以测量要尽可能在小电流条件下进行。高频信号会引入寄生电流，所以测量设备要远离高频信号发生器或者有足够的屏蔽，实现无高频干扰。

四、实验内容和步骤

（1）打开四探针测试仪背后电源，预热 30min。

（2）按下操作面板中"恒流源"按钮，选择"10mA""电阻率""正测"测试挡。

（3）将样片放在测试架上，尽量避免玷污样品表面。

（4）缓慢下放测试架使探针轻按在样片上，听到测试仪内部发出的"咔"声，电流表、电压表有示数即可，注意下放速度，避免压碎样片。

（5）查找样片厚度对应的电流表示数，并根据此数据调节"粗调""细调"旋钮，按"电流选择"键直至电压表示数中从首位不为 0 起有 3 位数字，记录此时数据即电阻率值。

（6）选择"方块电阻"挡，调节"粗调""细调"旋钮使电流表示数为"453"，按"电流选择"键直至电压表示数中从首位不为 0 起有 3 位数字，记录此时数据即方块电阻值。

（7）测试完后将探针上移，并用保护套保护探针。

（8）用完测试仪后关电源。

五、注意事项

（1）仪器接通电源，至少预热 15min 才能进行测量。

（2）仪器如经过剧烈的环境变化或长期不使用，在首次使用时应通电预热 2～3h。

（3）在测量过程中应注意电源电压不要超过仪器的过载允许值。

（4）切记保护探针。

六、数据记录及处理

根据样片厚度对应的电流表示数，记录实验数据，得到电阻率值。

七、思考题

为何实验中需要用到排列的四个探针？能否有其他的排列方式？

实验23 体积电阻、表面电阻的测定

一、实验目的

（1）加深理解体积电阻、表面电阻的物理意义。

（2）掌握绝缘电阻测试仪（高阻表）的使用方法。

二、实验设备及器材

高阻表。

三、实验原理

1. 体积电阻、表面电阻

任何绝缘材料都不是绝对不导电的，只不过导电非常微弱，即它的电阻非常高而已。如图 23-1 所示，若在一材料试样上加一恒定电压，则不论在试样内部还是在试样外部都有电流通过。此电流的大小将取决于材料的性质、样品的几何尺寸和电压的大小。加之试样上的电压与通过它的漏电流之比，称为该材料的绝缘电阻，以 R 表示，即 $R=U/I$。

流过材料内部的电流称为体积电流，以 I_V 表示。通过材料试样外部的电流，称为表面电流，以 I_S 表示。加于材料试样上的电压 U 与流过该试样的体积电流 I_V 之比，称为该试样的体积电阻，以 R_V 表示，即 $R_V=U/I_V$。它的倒数称为该试样的体积电导。加于试样上的电压 U 与流过它的表面电流 I_S 之比，称为该试样的表面电阻，以 R_S 表示，即 $R_S=U/I_S$，它的倒数为该试样的表面电导。总电流 I 是两电流之和，即 $I=I_V+I_S$。总电阻为两电阻之并联电阻，即 $R=R_VR_S/R_V+R_S$。

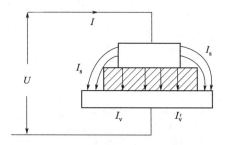

图 23-1 分流产生漏电流原理

材料试样的体积电阻、表面电阻不仅由材料的性质决定，而且与试样的几何形状有关。体积电阻与试样的厚度 d 成正比，与试样的电极面积 A 成反比，即：

$$R_V=\rho_V\frac{d}{A}$$

式中，ρ_V 为体积电阻率。

试样的表面电阻与电极的距离 b 成正比，与电极的周长 l 成反比，即：

$$R_S = \rho_S \frac{b}{l} \quad 或 \quad \rho_S = R_S \frac{l}{b}$$

式中，ρ_S 为表面电阻率。表面电阻率表示材料表面漏电性能，它与材料表面状态及周围环境条件（特别是湿度）有很大的关系。

2. 仪器的电路结构及测试原理

（1）三电极系统。由于介质的绝缘电阻都是在兆欧级以上，只要有微小的外部干扰，就会影响测量的精确度。所以采取三电极即测量电极、高压电极、保护电极进行测量。在测试体积电阻时，表面漏电流由保护电极傍路到地；测试表面电阻时，体积漏电流傍路到地。为防止外部干扰，在测试中，三电极和试样都置于屏蔽箱中。

（2）ZC36 型 $10^{17}\Omega$ 超高阻 10^{-14} A 型电流测试仪的电路结构主要由五部分组成，如图 23-2 所示。

① 直流高压测试电源：10V、100V、250V、500V、1000V。

② 放电测试装置（包括输入短路开关）：将具有较大电容性的试样在测试前后进行充电放电，以减少介质吸收电流及电容充电电流对仪器的冲击和保护操作人员的安全。

③ 高阻抗直流放大器：将被测微电流信号放大后输至指示仪表。

④ 指示仪表：作为被测绝缘电阻和微电流的指示。

⑤ 电源：提供仪器各部分的工作电源。

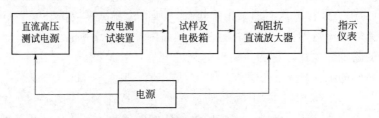

图 23-2 绝缘电阻测量功能原理

（3）测试原理：测量绝缘电阻时，被测试样与高阻抗直流放大器的输入电阻 R_0 串联并跨接于直流高压电源（由直流高压发生器产生）上。高阻抗直流放大器将漏电电流在输入电阻 R_0 上的分电压信号经放大后推出至指示仪表，由指示仪表直接读出被测试样的绝缘电阻值，如图 23-3 所示。

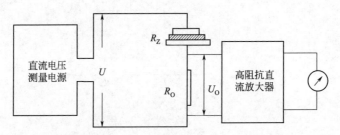

图 23-3 绝缘电阻测试原理 U—测试电压，V；R_0—输入电阻，Ω；U_0 为 R_0
上电压降，V；R_Z—被测试样的绝缘电阻，Ω。

由于 $R_Z \gg R_O$，所以 $R_Z \approx \dfrac{U}{U_O} R_O$。

四、实验内容和步骤

1. 实验内容

（1）测试酚醛胶布板（干燥的）的体积电阻、表面电阻、总电阻。试样分 $1^{\#}$、$2^{\#}$、$3^{\#}$。

（2）测量酚醛胶布板（受潮的）体积电阻、表面电阻、总电阻。试样分 $4^{\#}$、$5^{\#}$、$6^{\#}$。

（3）测量硅酸盐玻璃的体积电阻、表面电阻、总电阻。

（4）测量聚四氟乙烯板的体积电阻、表面电阻、总电阻。

（5）测量云母片的体积电阻、表面电阻、总电阻。

（6）用所测得的电阻值计算 ρ_V 与 ρ_S。

2. 测试前的准备

（1）准备好本次实验所用的样品。酚醛胶布板（干燥的）三块（编号为 $1^{\#}$、$2^{\#}$、$3^{\#}$），酚醛胶布板（受潮的）三块（编号为 $4^{\#}$、$5^{\#}$、$6^{\#}$），硅酸盐玻璃两块，聚四氟乙烯板一块，云母片一块。

（2）测试前测试仪面板上各开关的位置：

① 测试开关置于"10V"处。

② 倍率开关置于最低挡位置。

③ "放电-测试"开关置于"放电"位置。

④ 输入短路开关置于"短路"位置。

⑤ 极性开关置于"0"位置。

⑥ 仪器接地端用导线妥善接地。

⑦ 接通电源，合上电源开关，预热 15min，将极性开关置于"＋"处（只有测试负极性电流时才置于"－"处），此时仪表指针会离开"∞"及"0"处，这时可慢慢调节"∞"及"0"电位器，使指针指于"∞"及"0"处。对准后，将倍率选择开关由 $10^2 \times 1^{-1}$ 位置转至于"满度"位置（这时输入端开关应拨向开路）。这时指针"∞"位置指于满度，如不到或超过满度，则可调节"满度"电位器，使之回到满度。然后再把倍率开关拨到 $\times 10^2 \times 1^{-1}$ 处，使指针仍指于"∞"及"0"处，这样多次反复，直至把仪表灵敏度调好。在测试中要经常检查满度"∞"，以保证仪器的测量精度。

3. 测量步骤

（1）将试样置于三电极箱中，并按图 23-4 接线。

（2）三电极按测 R_V 接线的方式接好后，盖上屏蔽盒，将 R_V 与 R_S 开关拨向 R_V。

（3）将测试电压选择开关置于所需的测试电压挡（本次实验不超过 $100V$）。

（4）"放电-测试"开关置于"测试挡"，短路开关仍置于"短路"挡。对试样经一定时间的充电后，即可将"输入短路"开关拨上，进行读数。若发现指针很快打出满度，则立即将"输入短路"开关拨向"短路"，"放电-测试"开关拨向"放电"位置，待查明原因再进行测试。

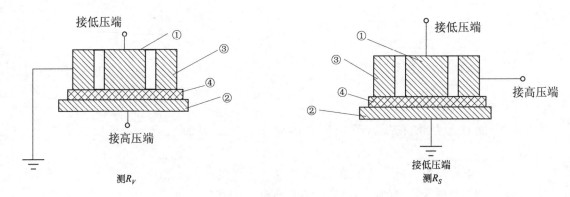

图 23-4 三电极箱接线图
①—测试电极；②—高压电极；③—保护电极；④—被测试样

（5）当"输入短路"开关打开后，如发现表头无读数或读数很小，可将倍率开关升高一挡，并重复（2）、（3）操作步骤，这样逐挡升高，倍率开关直至读数清晰为止（尽量取在仪表刻度上 1～10 那段为好）。

（6）将仪表上的读数（单位为 MΩ）乘以倍率开关所指示的倍率及测试电压开关所指的系数（10V 为 0.01，100V 为 0.1，250V 为 0.25；500V 为 0.5，1000V 为 1），即为被测试样的绝缘电阻值。

（7）一个试样的 R_V 测试完毕后，将"放电-测试"开关拨到"放电"位置，"输入短路"开关拨到"短路"，进行放电。然后将 R_V、R_S 开关拨向 R_S 并按上述测 R_S 接线要求接线，测量试样的 R_S，其他操作同测 R_V。

（8）将每一试样所测得的 R_V、R_S 代入下述公式计算出 ρ_V、ρ_S。

$$\rho_V = R_V \frac{\pi r^2}{d}, \quad \rho_S = R_S \frac{2\pi}{\ln \dfrac{D_2}{D_1}}$$

式中，r 为测试电极半径，cm；d 为试样厚度，cm；D_1 为测试电极直径，cm；D_2 为保护电极直径，cm。

（9）算出各试样的电导、电导率。

（10）测量介质的总电阻。将 R_V、R_S 开关拨向 R_V 处，只用上下电极而不用保护电极，这样成为二电极系统，其他操作同测 R_V。

五、数据记录及处理

将所测得的数值与计算的数值填入表 23-1。

表 23-1 测量数据处理表

样品名称	类型	R_V	R_S	ρ_V	ρ_S
	干#				
	潮#				
	干#				
	潮#				

样品名称	类型	R_V	R_S	ρ_V	ρ_S
	干#				
	潮#				
	干#				
	潮#				
	干#				
	潮#				

六、思考题

讨论湿度对表面电阻的影响。

 **电介质材料的介电常数及损耗与频率的关系**

一、实验目的

（1）测量几种电介质材料的介电常数（ε）和介电损耗角正切（tanδ）与频率的关系，从而了解它们的 ε、tanδ 频率特性。

（2）了解电介质材料在各种频率范围的测量方法。

二、实验设备及器材

数字电桥。

三、实验原理

自然界的所有物质都是由带电粒子组成，包括自由电荷（电子、空穴和自由离子）和束缚电荷（原子核、核外内层电子、非自由离子等），其对外电场作用主要有电极化和电传导两种响应模式。其中，电极化起源于束缚电荷在库仑力作用下的相对位移，正、负电荷中心分离，使物质表面产生剩余电荷。虽然任何物质都能产生这种极化现象，但只有绝缘体能作为电介质材料使用，这是因为绝缘体中的绝大部分电荷都被束缚在平衡位置附近，具有积聚电荷和储存静电能的能力。介电常数就是表征这种电介质极化能力的物理量，它在本质上是物质内部微观极化率的宏观表现。极化粒子对微观极化率的贡献可以来自不同的极化机制，其中主要包括电子云畸变引起负电荷中心位移的电子极化，正、负离子在库仑力的作用下发生相对位移而产生离子极化，极性分子或极性基团沿电场方向转动而产生的取向极化，以及电荷的空间积累引发的空间极化。

介电损耗指电介质材料在外电场作用下发热而损耗的那部分能量。在直流电场作用下，介质没有周期性损耗，基本上是稳态电流造成的损耗；在交流电场作用下，介电损耗除了稳态电流损耗外，还有各种交流损耗。由于电场的频繁转向，电介质中的损耗要比直流电场作用时大许多（有时达到几千倍），因此介电损耗通常是指交流损耗。在工程中，常将介电损耗用介电损耗角正切 tanδ 来表示。

对于具体的电介质，在外电场作用下，往往有一种或多种极化机制占主导地位，在不同的电场频率下，产生主导作用的极化机制往往也不一样。当频率很低（例如 1kHz）或是为零时，所有极化机制都能参与响应；而随着频率的增加，慢极化机制会依次退出响应，介电常数就会呈阶梯状降低，且每种极化机制退出时都伴随着一个损耗峰的出现。总之，介电常数用于表征电介质存储电能的能力大小，是介电材料的一个十分重要的性能指标。介电损耗是电介质在交变电场中每个周期内介质的损耗能量与存储能量之比。知道这些有助于判断材料的性能。

通常并不直接测量介电常数，而是通过测量介质的电容来转换成介电常数。不考虑边缘效应，平板试样的电容可用式（24-1）表示：

$$C = \frac{\varepsilon_0 S}{h} \tag{24-1}$$

式中 S——电容的面积，cm^2；

h——介质的厚度，cm；

ε_0——真空介电常数，F/cm。

以 $\varepsilon_0 = \frac{1}{4\pi \times 9 \times 10}\mu F/cm$ 代入（24-1）式，当电容以 μF 计时得

$$C = \frac{\varepsilon S}{3.6\pi h} \tag{24-2}$$

由此得

$$\varepsilon = \frac{3.6\pi h C}{S} \tag{24-3}$$

如果电极呈圆形，直径为 D 时，介电常数 ε 的计算公式如下：

$$\varepsilon = 14.4\frac{hC}{D^2}$$

式中所用单位 h 为 cm；C 为 μF；D 为 cm。介电损耗直接由数字电桥或阻抗分析仪读出。

四、实验内容和步骤

（1）接通电源后，预热 20min，待仪器稳定后，进行测试。
（2）连接测试样品和夹具，选择测量内容为电容和介电损耗。
（3）改变测试频率，记录下每个频率下的电容和介电损耗。
（4）改变偏压，测试仪器内置频率下的电容和介电损耗。
（5）测量样品的直径和厚度，将电容转换成介电常数。
（6）根据实验所得数据作出 $\tan\delta$-f 和 ε-f 的关系曲线。

五、数据记录及处理

（1）反复进行步骤（3）和（4）并记录实验数据，并根据式（24-3）或式（24-4）在步骤（5）中进行相应的换算。
（2）绘出 $\tan\delta$-f 和 ε-f 的关系曲线。

六、思考题

利用仪器加偏置电场的功能，铁电材料和普通介电材料在小电场的作用下介电常数和介电损耗会如何变化？

实验25　电介质材料的介电常数及损耗与温度的关系

一、实验目的

（1）测量电介质材料的介电常数和介电损耗角正切与温度的关系。

（2）了解介质的 ε、$\tan\delta$ 温度特性。

二、实验设备及器材

数字电桥、加热炉。

三、实验原理

介电常数及损耗的温度特性是铁电介质陶瓷材料基本参数之一。铁电介质陶瓷材料一般具有一个以上的相变温度点，其中的铁电相和顺电相之间的转变温度被称为居里温度。介质的介电常数与温度的变化曲线（ε-T 曲线）显示：随着温度的升高，在相变温度附近，介电常数会急剧增大，至相变温度处，介电常数达到最大值。如果所对应的相变温度是居里温度，那么随着温度的继续增加，介电常数随温度的升高将按照居里-外斯定律（Curie-Weiss law）的规律而减小。居里-外斯定律为：

$$\varepsilon = \frac{C}{T - T_C} + \varepsilon_\infty \tag{25-1}$$

式中，C 为居里常数；T_C 为铁电居里温度（对于扩散相变效应很小的铁电体，该温度通常比实际的 ε-T 曲线的峰值温度小 10℃左右）；ε_∞ 为所测定的理论上当测量频率足够大时只源自快极化贡献的介电常数。

铁电介质陶瓷材料的 ε-T 曲线的另一个特点是，与单晶铁电体相比，在居里峰两侧一定高度所覆盖的温度区间比较宽，该温度区间称为居里温区，即对于铁电陶瓷来说，其介电常数 ε 具有按居里温区展开的现象，该现象被称为相变扩散。通过对材料显微组织结构的调整和控制，可以改变介质的居里温度，同时可以控制材料的相变扩散效应，从而达到调整和控制介质的居里温度和在一定温度区间内的介电常数-温度变化率的目的。

本实验采用电桥法，通过测定一定温度范围内的电容量和损耗随温度的变化曲线，折算出该介质的介电常数-温度特性曲线及损耗-温度特性曲线。如果采用圆片电容器试样进行测定实验，那么试样的电容量 C_x 与介质的相对介电常数 ε_r 之间的换算关系为：

$$\varepsilon_r = \frac{14.4 h C_x}{D^2} \tag{25-2}$$

式中，C_x 为被测试样的电容量，pF；h 为试样介质的厚度，cm；D 为试样电极的直径，cm。

在测量过程中，对材料 ε-T 曲线测定结果的影响因素很多，如测试夹具的影响、连接导线的影响、升温或降温速度的影响等。因此需要对测试结果进行分析，对误差范围进行合理判断。

四、实验内容和步骤

（1）接通数字电桥仪的电源，预热 30min。
（2）选择测试项目。
（3）将被测电容接在测试架上。
（4）加热炉升温，升温范围：室温～150℃。
（5）样品升温，温度恒定后，每隔 2℃记录一次 C 和 tanδ 值。

五、数据记录及处理

（1）记录测量的数据（表 25-1）。
（2）根据数据绘出 ε～T 和 tanδ～T 关系曲线。

表 25-1　测量数据处理表

样品名称	样品尺寸/cm		温度 T/℃	电容 C/μF	介电损耗角正切 tanδ
	D				
	h				
	D				
	h				
	D				
	h				
	D				
	h				
	D				
	h				

六、思考题

分析曲线起伏的原因，并与理论比较。

实验26 研究高频接线对介电常数和介电损耗角正切测量准确度的影响

一、实验目的

(1) 正确熟练地使用 LCR 阻抗分析仪。

(2) 了解接线的长短对介电常数和介电损耗角正切测量准确度的影响，认识在高频情况下这种影响十分显著。在科研实验中，必须考虑频率的影响。

二、实验设备及器材

QBG-3 型 Q 表或 LCR 阻抗分析仪。

三、实验原理

元件在测量时，接线的布局会对测量产生一定的影响。这种布局可以是连接导线的长短、导线排列的平行程度以及导线排列时的间距。当两条导线接线平行排列，且处于开路状态时，有电容效应；而当两条接线距离太近时，会有漏电流产生，形成回路电流，造成电感效应。在高频下，这种阻容感效应较为明显。通过本实验的测量，可以感知接线布局的变化，对测量结果影响的程度。高频接线产生的阻容感特性的基本原理图如图 26-1 所示。

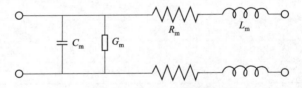

图 26-1 高频接线产生阻容感特性原理图

在直流情况下，接线相当于一个小电阻，而在交流情况下两根接线的等效电路为：

当频率较低时，因为电感 L_m、电容 C_m 和漏电导 G_m 很小，而电阻 R_m 也不大，因此均可忽略不计。此时接线的长短和布局都可以不加考虑。然而，在高频下这种影响就不得不加以考虑，它可以使测量误差大大增加，使得测量的数据比实际数据大一倍到数倍，而当频率更高时，甚至能相差一两个数量级，因此在测量中应该尽可能减小接线长度，采用接线垂直交叉，甚至采用特殊导线如同轴线等措施以减小导线的影响。

用 LCR 阻抗分析仪来测量一负载，例如测量一标准空气可变电容器时，其装置原理图如图 26-2 所示。

当频率不十分高时，接线可以简化成图 26-3 所示的等效电路。

其中，C_m 为导线间的等效分布电容，G_m 是导线间的漏电导，R_m 是导线电阻，L_m 是导线电感。当未接上负载时，电阻 R_m 和电感 L_m 不起作用，因此引线就可以用电容 C_m 和

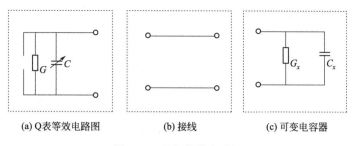

(a) Q表等效电路图　　　(b) 接线　　　(c) 可变电容器

图 26-2　低频等效电路图

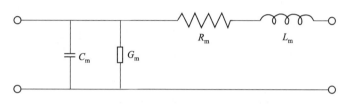

图 26-3　中频接线等效电路图

电导 G_m 来代替。当接入试样后情况就不同了，电阻 R_m 和电感 L_m 将给测量结果带来影响，接入试样后引线和试样的等效电路为图 26-4(a)，可将该电路转变为图 26-4(b) 所示的等效电路。

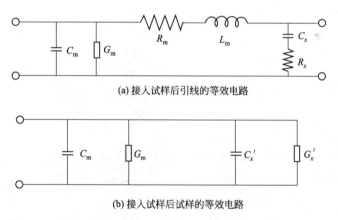

(a) 接入试样后引线的等效电路

(b) 接入试样后试样的等效电路

图 26-4　接入试样后引线和试样的等效电路

图 26-4 中复阻抗可写为下面等式的左和右两个部分，即接线电阻 R_m 和电感 L_m 以及试样的电容 C_x 和电阻 r_x 在等值变换后简化为等效电容 C_x' 和电导 G_x'，复阻抗可用式(26-1)表示。

$$(R_m+R_x)+j\left(\omega L_m-\frac{1}{\omega C_x}\right)=\frac{1}{G_x'+j\omega C_x'} \tag{26-1}$$

可得到电容 C_x' 和电导 G_x' 产生的损耗 $\tan\delta$ 分别为：

$$C_x'=\frac{\omega^2 C_x^2 (r_m+r_x)}{\omega^2 C_x^2 (r_m+r_x)^2+(1-\omega^2 L_m C_x)^2} \tag{26-2}$$

$$\tan\delta_x'=\frac{G_x'}{\omega C_x'}=\frac{\omega C_x (r_m+r_x)}{1-\omega^2 L_m C_x} \tag{26-3}$$

如果 L_m 和 r_m 都等于 0，则 C_x' 和 $\tan\delta_x'$ 分别等于 C_x 和 $\tan\delta_x$，亦即没有测量误差。但

是 r_m 和 L_m 不等于零，而频率 ω 又很大时，测量结果将大大偏离真实数值。因此由于接线所造成的固有测量误差 ΔC_x 和 $\Delta\tan\delta_x$ 分别为：

$$\Delta C_x = \frac{C_x' - C_x}{C_x} = \frac{\omega^2 L_m C_x}{1 - \omega^2 L_m C_x} \tag{26-4}$$

$$\Delta\tan\delta_x = \frac{\tan\delta_x' - \tan\delta_x}{\tan\delta_x} = \frac{\omega^2 L_m C_x}{1 - \omega^2 L_m C_x} + \frac{1}{\tan\delta_x} \times \frac{\omega L_m r_m}{1 - \omega^2 L_m C_x} \tag{26-5}$$

由于空气可变电容器损耗极小，计算不易准确求得，因此 $\tan\delta_x'$ 以低频时得的值作标准，而引线电阻 γ_m 与频率有关，频率增高时，由于集肤效应使得引线电阻 γ_m 急剧增加，γ_m 的数值可按下公式进行计算：

$$\gamma_m = 1.11 \times 10^{-2} / r^2 + 8.32 \times 10^{-5} f / r$$

式中，r 为导线半径，mm；对于单股铜线 $d = 2r = 1.76$mm，对于同轴线 $d = 2r = 0.70$mm；f 为频率，Hz。

四、实验内容和步骤

1. 实验线路图（如图 26-5 所示）。

图 26-5 实验接线图

2. 实验步骤

(1) 选取 1.1m 长的两根硬质单感铜导线，按图 26-5 架空连接。

(2) 调节空气可变电容器电容量为 $C_x = 150$pF。

(3) 接入标准电感线圈，合上 Q 表电源开关。

(4) 调节 Q 表波段开关和频率盘到所需频率，进行零点调节。

(5) 在不接和接入电容 C_x 时调谐，记下相应的电容 C_1、C_2、Q_1、Q_2 值。

(6) 选择适当的线圈在相同频率下重复进行上述测量。

(7) 选取长度为 0.7m 及 0.3m 的导线按上述步骤重新测量，记下相应 C_1、C_2 和 Q_1、Q_2 值。

(8) 选取 1.1m 长的同轴线按上述步骤测量，记下相应的 C_1、C_2 和 Q_1、Q_2 值。

(9) 测量导线电感。将两行导线或同轴线接入 Q 表 L_x 上并将终端短路，根据 L_x 大小按 Q 表面极上所指定频率上调谐，测量出 L_m 值。

(10) 测量导线间的电容。在 Q 表 L_x 上接入标准线圈，C_x 上接上平行导线或同轴线，选择相当的调谐频率，在导线不接负载和从 C_x 接线柱上去掉导线两次调谐，记下相应的电容 C_1 及 C_2。

五、数据记录及处理

(1) 根据测量结果按式(26-7)计算不同长度导线的 ΔC_x，列入表 26-1 内，并在同一坐标图上作出 ΔC_x 与 f 关系曲线。

表 26-1　实验记录表一

f/MHz	$l=1.1$m			$l=0.7$m	$L=0.3$m	同轴线
	$\omega^2 L_m C_x$	$\Delta C_{\text{计}}$	$\Delta C_{\text{计}}$	$\Delta C_{\text{实}}$	$\Delta C_{\text{实}}$	$\Delta C_{\text{实}}$
0.15						
0.60						
1.80						
4.40						
5.60						

注：$L_m=1.45\mu H$。

（2）根据测量结果按式(26-8)计算不同长度导线的 $\Delta\tan\delta'_x$，列入表 26-2 内，并在同一坐标图上作出 $\Delta\tan\delta_x$ 与 f 关系曲线。（$\tan\delta_x$ 数值取最小低频率时 $\tan\delta_x$ 测量值）

表 26-2　实验记录表二

f/MHz	$l=1.1$m			$l=0.7$m	$L=0.3$m	同轴线
	γ_m	$\Delta\tan\delta'_{x\text{实}}$	$\Delta\tan\delta'_{x\text{计}}$	$\Delta\tan\delta'_{x\text{实}}$	$\Delta\tan\delta'_{x\text{实}}$	$\Delta\tan\delta'_{x\text{实}}$
0.15						
0.60						
1.80						
4.40						
5.60						

（3）按式(26-7)和式(26-8)算出 1.1m 长导线的 ΔC_x、$\Delta\tan\delta'_x$ 的理论值，列入相应表中，作出 ΔC_x、$\Delta\tan\delta'_x$ 与理论曲线。（同轴线不进行理论计算。）

（4）讨论理论曲线与实验曲线，并比较其差别，分析产生误差的原因。

（5）讨论和分析接线长短对测量参数准确度的影响因素。

六、思考题

（1）根据实验结果思考如何减小接线带来的测量误差。

（2）测量微小级半导体材料时，仪器显示为负电容的原因可能是什么。

实验27　PTC热敏电阻器伏安特性测试

一、实验目的

（1）掌握测量 PTC 热敏电阻器的静态伏安特性的方法。

（2）比较 PTC 热敏电阻器和功率电阻的伏安特性，了解温度变化对电阻器电流电压的影响。

（3）了解有关性能参数如耗散系数 δ，恒温功率 P 以及耐电压 U_m 等。

二、实验设备及器材

热敏电阻、稳压电源、电压表、电流表。

三、实验原理

通过缓慢均匀地改变电源电压，使通过样品的电流和端电压也相应地发生变化。由于元件在电压作用下，焦耳热将导致元件自身温度发生变化。这种自热效应和电压效应将使元件电阻也发生相应的变化。在具体的实验条件下，若让电压变化得足够慢，元件将处于热平衡状态，各平衡点的电压和电流的关系，即为元件在该环境温度下的静态伏安特性。

由本课程的知识可知，伏安特性和功率电阻特性是简单的坐标变换关系，因而由所测得静态伏安特性可以得到功率电阻特性，从而可进一步求得逐步施加电压到 U_{max} 情况下的实际温度特性。

本实验采用直流可调稳压电源，通过元件的电流由取样电阻 R_1 的端电压取出。该电压和样品本身的端电压同时由函数记录仪记下来（流过样品的电流为 U_T/R_T，U_T 为加在样品上的电压），其原理线路图如图 27-1 所示。

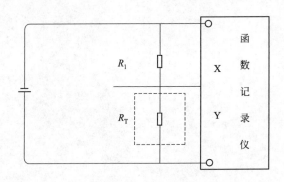

图 27-1　原理线路图

四、实验内容和步骤

（1）记下室温 T。

（2）置样品于样品盒内的夹具上。

（3）按照实验电路接线图（图 27-2）接好线路，将样品盒面板上的开关置于"关"的位置，测量并记下室温时的电阻 R_T。

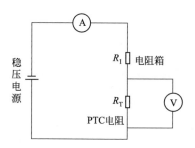

图 27-2　实验电路接线图

（4）打开电源开关，调到 0 V 输出。

（5）置样品盒面板开关于"开"的位置。

（6）缓慢且均匀地升电压，直到 U_T 为最大量程（或电流有稍回升的趋势时）。

（7）关掉全部电源，实验结束。

五、数据记录及处理

记录电阻器两端的电压值和电流值（表 27-1），绘出电阻器的伏安曲线。

表 27-1　实验数据记录表

样品名称	室温 T/℃	室温电阻 R_T/Ω	电压值 U_T/V	电流值 I/A

六、思考题

根据所得实验数据试分析电流随电压变化的原因。

实验28 NTC陶瓷热敏电阻器的温度特性测试

一、实验目的

(1) 掌握电桥法和分压法测量 NTC 陶瓷热敏电阻器的电阻-温度特性。
(2) 利用非线性函数关系的评定作出本实验的最佳曲线。

二、实验设备及器材

稳压电源、加热炉、标准电阻箱。

三、实验原理

负电阻温度系数 NTC 热敏半导体陶瓷材料的电阻率 ρ 随温度 T 的升高而增大，由半导体物理可知，一般半导体材料的电阻-温度特性可以近似地用式(28-1) 表达：

$$\rho = A e^{B/T} \tag{28-1}$$

式中，A、B 为常数，可通过实验测定材料的 A、B 值，其过程如下。

在温度 $T = T_1$ 时测得元件的电阻为 R_1，$T = T_2$ 时测得元件的电阻为 R_2，则

$$R_1 = \frac{l}{S} \rho_{T_1} = \frac{l}{S} A e^{B/T_1} \tag{28-2}$$

$$R_2 = \frac{l}{S} \rho_{T_2} = \frac{l}{S} A e^{B/T_2} \tag{28-3}$$

$$B\left(\frac{1}{T_1} - \frac{1}{T_2}\right) = \ln R_1 - \ln R_2 \quad \text{以及} \quad B = \frac{T_1 T_2 (\ln R_1 - \ln R_2)}{T_2 - T_1} \tag{28-4}$$

将 (28-4) 代入 (28-2)，得

$$A = \frac{R_1 S}{l} e^{-B/T_1} = \frac{R_1 S}{l} \exp\left[\frac{T_2 \ln(R_2/R_1)}{T_2 - T_1}\right]$$

式中，l 为元件长度；S 为元件截面积。

在测量热敏材料的温度特性时，要求在零功率下进行。所谓元件的零功率是指在元件上所加电压不使元件本身发热而引起阻值变化的最大功率，一般热敏电阻的零功率约为几伏。

本实验介绍两种测试方法，即电桥法和分压法。

1. 电桥法

电桥法电路是测量电阻的一种常见电路，其电路图如图 28-1 所示。图中电桥可用惠斯通电桥，R_N 为可调节标准电阻，R_t 为样品，K 为开关。先将 K 与 R_t 接通记下指示电压表上指针的位置，然后将 K 与 R_N 接通，调节 R_N 使电压表上的指针与接 R_t 时的位置相同，这时 $R_t = R_N$。测量时样品 R_t 置于温度可以控制的加热炉内。当 R_t 随着温度发生变化时，

调节 R_N，可以测出不同温度下的 $R_t = R_N$。但由于 NTC 陶瓷热敏电阻的阻值随温度的变化很大，约为两个数量级以上，一般的电桥不易满足测量要求，所以再介绍一种分压法。

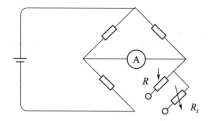

图 28-1　电桥法电路图

2. 分压法

分压法测量电阻的电路如图 28-2 所示，E 为直流稳压电源，取 1.5V 左右，R_t 为样品，R_N 为标准可调电阻，V_1 与 V 为数字式直流电压表。R_t 可由式（28-5）给出。

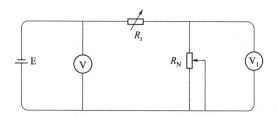

图 28-2　分压法测量电阻的电路图

$$R_t = \left(\frac{V}{V_1} - 1 \right) R_N \qquad (R_N \ll R_t) \tag{28-5}$$

原则上测量时，固定 R_N 和 V，测得 V_1 即可求出 R_t。由于 R_t 随温度的升高而减小，加在 R_t 上的电压也随之不断减小，则加在 R_N 上的电压也随之不断增大。在测量时如果 $V/V_1 = 11$，则有 $R_t = 10R_N$，R_t 的值可通过标准电阻 R_N 计算得到。

四、实验内容和步骤

（1）按照电路图接好电路，得到 $V = 1.43\text{V}$，$V_1 = 0.13\text{V}$。

（2）将样品置于恒温器内。

（3）从室温起，温度每上升 2℃，记下 R_N 的值。

（4）作出 R_t-T 关系的最佳曲线。

五、数据记录及处理

电阻 R_t 用对数为纵坐标，t 换算成温度 T 后用 $1000/T$ 为横坐标，绘出曲线，再用直线拟合，尝试算出式（28-2）中的参量 B。

实验29 **传输法测试压电陶瓷参数**

一、实验目的

（1）掌握压电陶瓷性能参数的测试方法。

（2）测量压电陶瓷的谐振频率 f_r 和反谐振频率 f_a，并由此算出机电耦合系数 k_p、k_{31}。

（3）测量谐振阻抗 $|Z|$ 和机械品质因素 Q_m。

（4）测试频率常数。

二、实验设备及器材

信号发生器、电压表、电阻箱。

三、实验原理

　　将压电振子接入一特定的传输网络中（如图 29-1 中 A、B 两点），外加一定的信号电压给压电振子，并逐步改变电压频率，当频率调到某一数值时，压电振子产生谐振。此时振子阻抗最小，输出电流最大，以 f_m 表示最小阻抗（或最大导纳）的频率。当频率继续增大到另一频率时，振子阻抗最大，输出电流最小，以 f_n 表示最大阻抗（或最小导纳）的频率。我们把阻抗最小的频率近似为谐振频率 f_r，阻抗最大的频率近似为反谐振频率 f_a。压电振子的电抗特性如图 29-2 所示。

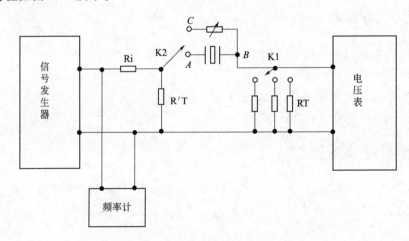

图 29-1　π 型网络传输法测试线路

　　可以将压电振子在谐振频率附近的参数和特性，用一相应电路的参数和特性来表示，这个电路称为压电振子的等效电路，如图 29-3 所示。其中，L1 为动态电感；C1 为动态电容；

R1 为动态电阻（或串联谐振电阻）；C0 为并联电容（或静态电容）。

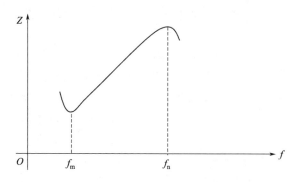

图 29-2 压电振子的电抗特性

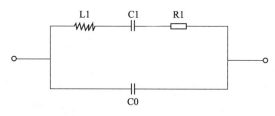

图 29-3 压电振子的等效电路

压电陶瓷材料的机电耦合系数是综合反映压电陶瓷材料性能的参数，是衡量材料压电性好坏的一个重要物理量。它反映了压电陶瓷材料的机械能与电能之间的耦合效应。通过谐振频率 f_r 和反谐振率 f_a（如果 $\Delta f = f_a - f_r$ 较小的话）可直接计算出 k_p、k_{31}。

如果样品是圆片：

$$k_p = \sqrt{2.5 \frac{\Delta f}{f_r}}$$

如果样品是薄长片：

$$k_p = \sqrt{\frac{\pi^2}{4} \times \frac{\Delta f}{f_r}} = \sqrt{2.47 \frac{\Delta f}{f_r}}$$

频率常数 N_r 是表征材料特性的另一个参数，定义为谐振频率 f_r 与另一确定振子尺寸的乘积。对于长条振子，尺寸为长度，对于圆片径向振子，尺寸为直径。频率常数的单位为 Hz·m 或 kHz·mm，例如薄长片振子沿长度方向伸缩振动的频率常数为 $N_r = f_r l$。

知道了材料的频率常数，就可以根据所要求的频率来确定压电振子的尺寸。用代替法测出 $|Z_m|$，并由 Z_m 计算机械品质因素 Q_m

$$Q_m = \frac{1 \times 10^{12}}{4\pi R_1 C_T \Delta f}$$

式中 R_1——等效电阻，Ω；

C_T——低频电容（用低频电桥测得），pF。

四、实验内容和步骤

（1）f_r、f_a 的测量。

① 把压电振子接入测试线路的 A、B 两点，见图 29-1，终端电阻接 1Ω 或 5.1Ω（拨 K1

波段开关），K2 拨到样品挡。

② 调节信号发生器从低频到高频，使超高频电压表指示最大。此时电子计数频率计上的读数，即为谐振频率 f_r。

③ 拨波段开关 K1，使终端电阻接到 1kΩ 处，继续增大信号发生器的频率，使超高频电压表指示最小。此时电子计数频率计上指示的频率，即为反谐振频率 f_a。

（2）谐振阻抗 $|Z_m|$ 的测量。把波段开关 K2 拨到 C 处，也就是用无感电阻替代了压电振子。K1 拨回到 1Ω 或 5.1Ω 处（与测 f_r 相同）调节信号发生器到谐振频率 f_r 处，改变电阻箱阻值，使超高频电压表指示与替代前接压电振子时完全相同（拨动 K2 电压表指示不变）。此时电阻箱的阻值，即为谐振阻抗 $|Z_m|$。

（3）用电容电桥测出样品的 C_T。

（4）用游标卡尺测出样品直径 d、厚度 t。

（5）更换样品（更换时要轻轻夹放），重复以上操作。

五、注意事项

信号发生器在开机前，应将输出细调电位器旋至最小，开机后过载指示灯熄灭后，再逐渐加大输出幅度。面板上的六挡按键开关，用作波段的选择，根据所需频率，可按下相应的按键开关，然后再用按键开关上方的三个频率钮按十进制原则细调到所需频率。

当输出旋钮开得较大，过载指示灯亮，表示输出过载，应减小输出幅度。如果指示灯一直亮。应停机检查故障。

六、数据记录及处理

将数据填入表 29-1 中。

表 29-1　实验记录表

样品名称	d	t	f_r	f_a	C_T	$\|Z_m\|$	$k_p(k_{31})$	N_r	Q_m	ε_{33}^T

注：ε_{33}^T 为厚度方向的介电常数。

实验30　压电常数d_{33}的测量

一、实验目的

（1）了解压电效应、逆压电效应的定义和数学表达式。

（2）了解压电常数的含义和测量方法。

二、实验设备及器材

压电常数d_{33}测量仪。

三、实验原理

压电效应在日常生活和经济建设中大量存在，压电器件的应用十分普及，如燃气灶的打火装置，电子打火机的打火装置，医学上应用的 B 超换能器，探海的声呐，电子工业中的压电滤波器、压电晶体振荡器。

如要了解压电器件，首先要了解压电效应和逆压电效应。

（1）压电效应。由机械力作用而使电介质晶体产生并形成表面电荷的现象称为压电效应。

（2）逆压电效应。将具有压电效应的晶体置于电场中，晶体不仅产生了极化，同时还产生了形变，这种由电场产生形变的现象称为逆压电效应。

（3）压电效应的数学表达式为

$$\boldsymbol{D}_m = \boldsymbol{d}_{mj}\boldsymbol{x}_j \tag{30-1}$$

其矩阵形式为

$$\begin{bmatrix} D_1 \\ D_2 \\ D_3 \end{bmatrix} = \begin{bmatrix} d_{11} & d_{12} & d_{13} & d_{14} & d_{15} & d_{16} \\ d_{21} & d_{22} & d_{23} & d_{24} & d_{25} & d_{26} \\ d_{31} & d_{32} & d_{33} & d_{34} & d_{35} & d_{36} \end{bmatrix} \begin{bmatrix} X_1 \\ X_2 \\ X_3 \\ X_4 \\ X_5 \\ X_6 \end{bmatrix}$$

$$\boldsymbol{D}_m = \boldsymbol{e}_{mj}\boldsymbol{x}_j \tag{30-2}$$

式（30-1）和式（30-2）中，$\boldsymbol{D}_m$ 为电位移矢量；X_j 为应力；$\boldsymbol{x}_j$ 为应变；$\boldsymbol{d}_{mj}$ 为压电应变系数；$\boldsymbol{e}_{mj}$ 为压电应力系数；$m=1,2,3$；$j=1,2,3,4,5,6$；下标"m"代表电学量的方向，下标"j"代表力学量的方向；1、2、3 分别对应直角坐标 x、y、z 的三个方向。

（4）逆压电效应的数学表达式为

$$x_i = d_{in}E_n$$

$$
\begin{bmatrix} x_1 \\ x_2 \\ x_3 \\ x_4 \\ x_5 \\ x_6 \end{bmatrix} =
\begin{bmatrix}
d_{11} & d_{21} & d_{31} \\
d_{12} & d_{22} & d_{32} \\
d_{13} & d_{23} & d_{33} \\
d_{14} & d_{24} & d_{34} \\
d_{15} & d_{25} & d_{35} \\
d_{16} & d_{26} & d_{36}
\end{bmatrix}
\begin{bmatrix} E_1 \\ E_2 \\ E_3 \end{bmatrix}
\tag{30-3}
$$

$$x_j = e_{jn}E_n \tag{30-4}$$

式(30-3) 和式(30-4) 中，$n=1,2,3$；$i=1,2,3,4,5,6$；d_{ni} 为 d_{mj} 的转置矩阵；e_{ni} 为 e_{mj} 的转置矩阵。

当沿着压电晶体的极化方向（如 z 轴或 3 方向）施加应力 T_3 时，在电极面（上、下两表面）上所产生的电荷密度为

$$\sigma = d_{33}T_3$$

电位移 $D_3 = \sigma$，故有

$$D_3 = d_{33}T_3$$

式中，d_{33} 为压电常数，下标的第一个数字为电极面的垂直方向，第二个数字为应力或应变方向。

同理，在 x 轴方向和 y 轴方向施加机械应力 T_1、T_2 时，在电极面 A_3 上所产生的电位移分别为

$$D_3 = d_{31}T_1$$
$$D_3 = d_{32}T_2$$

当晶体同时受到 T_1、T_2、T_3 的作用时，电位移和应力的关系为

$$D_3 = d_{31}T_1 + d_{32}T_2 + d_{33}T_3$$

但在实际应用中，通常电场方向和受力方向均在极化方向（z 轴方向或 3 方向），故压电常数 d_{33} 显得特别重要了。

同理，逆压电效应时，当分别沿压电晶体的极化方向（z 轴方向或 3 方向）施加电场 E_3，切应变 S 与外电场 E 的关系为

$$S_3 = d_{33}E_3$$

从 D_3 和 S_3 的表达式可知，压电常数 d_{33} 是描述压电材料性能的重要参数，具有十分重要的意义。

测量压电常数 d_{33} 主要有两种方法：静态法和准静态法。

1. 静态法

静态法是被测样品处于不发生交变形变的测试方法。测试时，使样品承受一定大小和方向的力，根据压电效应，压电晶体将因形变而产生一定的电荷，这些电荷在样品的电极板间形成一定的电压。因此，测定出作用力的大小和所产生的电荷或电压，即可求得压电常数。

如果只受沿压电晶体极化方向（z 轴方向或 3 方向）力的作用，由上面讨论可知：

$$D_{33} = d_{33}T_3$$

式中，D_{33} 是表面上的电位移，即表面电荷密度。若作用力为 F，则电极上产生的总电荷 Q 为：

$$Q=d_{33}F$$

设样品的静电容为 C，则因充有电荷 Q 而产生电压 U，于是有：

$$d_{33}=CU/F$$

这即是静态法的测量原理。

2. 准静态法

准静态法是指被测样品处于接近静止的状态，更确切地说，样品处于远离最低谐振点的运动状态。它和静态法一样，不是通电于样品，而是施力于样品，不过此力是交变的。实现的方法可以用交变的力锤或把样品放在振动台上。此方法的原理是当样品以加速度 a 振动时，若样品的上面载有质量 M 的物体，样品自身的质量为 m，则样品将受到力 F 作用：

$$F=[M+(m+2)]a$$

于是，和静态法一样，对于压电振子：

$$d_{33}=CU/\{[M+(m+2)]a\}$$

式中，C 是电容；U 是所产生的交变电压。

由于交变的频率低，故电压的测量是方便易行的。准静态法的测量误差比静态法小，一般为 5% 左右。

四、实验内容和步骤

本实验所采用的是准静态法。下面的测量方法适用于试样电容小于 $0.01\mu F$（对应 ×1 挡）或小于 $0.01\mu F$（对应 ×0.1 挡）的情况。

（1）用两根多芯电缆把测量头和仪器连接好。

（2）把附件盒内的塑料片插入测量头的上下两探头之间，调节测量头顶端的手轮，使塑料片刚好被压住。

（3）把仪器后面板上的"d_{33}：力"选择开关置"d_{33}"一侧。（如置"力"一侧，则面板表上显示的是低频交变力值，应为 250 左右，这是低频交变力 0.25N 的对应值。）

（4）使仪器后面板上的 d_{33} 量程选择开关，按被测试样的 d_{33} 估计值，处于适当位置，如无法确定估计值，则从大量程开始（d_{33} 量程选择开关置"×1"一侧）。

（5）在仪器通电预热 10min 后，调节仪器前面板上的调零旋钮使面板表指示在"O"。

（6）去掉塑料片，插入待测试样于上下两探头之间，调节手轮使探头与样品刚好夹住，静压力应尽量小，使面板表指示值不跳动即可。静压力不易过大，如力过大，会引起压电非线性，甚至损坏测量头。但也不能过小，以至试样松动，指示值不稳定。指示值稳定后，即可读取 d_{33} 的数值和极性。但在测量试样数量较多时，如果试样厚度差别不大，则可轻轻压下测量头的环氧板。取出已测试样，插入一个待测样品后，松开环氧板即可，不必再调节测量头上方的调节手轮，这样既方便，还使静压力保持一致。

（7）为减少误差，零点如有变化或换挡时，须重新调零。

（8）探头的选择。随仪器一起提供有两个试样探头，测量时，至少试样的一面应为点接触，故推荐使用圆形探头（A 型探头）。但被测试样为圆管、较薄或较大试样时，下面用平探头（B 型探头）为好。

（9）对大电容试样的修正。当被测试样的电容大于 $0.1\mu F$（×1 挡），或大于 $0.001\mu F$（×1 挡）时，测量误差会超过 1%，故应对测量值按下式进行修正：

$$d_{33}=d_{33提示值}\times\begin{cases}(1+C_i) & 对应\times1挡 \\ (1+10C_i) & 对应\times0.1挡\end{cases}$$

式中，C_i 为以 μF 为单位的试样电容值。

五、注意事项

根据测量原理可知，样品将受到一个交变的力的作用，测试系统中对样品及其支架都有一定的要求：

① 样品表面要有较高的平整度和光洁度，为补偿机械上的不平整，通常用球接触法。

② 样品支架应保证传力均匀、准确，绝缘性能要好，绝缘材料可用有机材料或玛瑙，在测试前要用乙醚擦洗，防止表面沾污。

③ 马达转动必须平稳。

本测试系统是在样品上加一约 0.25N，频率为 110Hz 的低频交变力，通过上下探头加到比较样品和被测试样上。由正压电效应产生的两个电信号经过放大、检波等必要的处理，最后把代表样品的 d_{33} 的大小及极性在数字面板上直接显示。

六、数据记录及处理

将实验结果填入表 30-1 中。

表 30-1　实验数据记录表

试样编号	试样描述(圆片)直径×厚度	d_{33}值

七、思考题

(1) 动态法和静态法测量 d_{33} 值有什么不同？

(2) 如何防止测量头生锈？

实验31 压电陶瓷变压器基本特性测试

一、实验目的

（1）掌握压电陶瓷变压器的频率特性、升压比、输入阻抗的测试方法。
（2）加深对压电陶瓷变压器基本特性的理解。

二、实验设备及器材

低频信号发生器、低频电子管毫伏表、压电陶瓷变压器、测试架。

三、实验原理

压电陶瓷变压器只有在谐振时升压比最高，其谐振频率取决于陶瓷片的尺寸及材料声速，即 $f = \gamma/\lambda$，λ 是沿长度方向的驻波波长。若 $\lambda = 2L$，即陶瓷片长度等于全波波长时，称为全波谐振模式。若 $\lambda = 4L$，即陶瓷片长度等于半波波长时，称为半波谐振模式。全波谐振时节点有两个，分别位于片长距端点的四分之一处，半波谐振时节点有一个，位于陶瓷片的中间。因为全波谐振模式的升压比及工作效率均高于半波谐振模式，所以我们在使用压电陶瓷变压器时，使其工作在全波谐振状态。

压电陶瓷变压器的升压比由下式决定：

$$C_\infty = \frac{V_2}{V_1} = \frac{4}{n^2} Q_m k_{31} k_{33} \frac{L}{t}$$

式中，C_∞ 为空载升压比；Q_m 为材料的机械品质因素；k_{31}、k_{33} 为材料的机电耦合系数；L、t 分别为长度和厚度。据此可以看出，当材料及工艺确定以后，压电陶瓷变压器的升压比只与长度和厚度的比值有关，欲改变升压比，只要改变 L 与 t 的比值就行了。

压电陶瓷变压器的输入回路，不管是半波谐振还是全波谐振，都具有串联谐振性质。谐振时的等效阻抗为纯电阻。给压电陶瓷变压器的输入端所加频率为压电陶瓷变压器谐振频率，测出输入回路电流，根据欧姆定律，便可算出压电陶瓷变压器的输入阻抗。

四、实验内容和步骤

1. 频率特性的测试

（1）测量尺寸为 70mm×18mm×3mm 的压电陶瓷变压器的幅频特性，测试接线图如图31-1 所示。

（2）调节低频信号发生器，使输出电压为一定值，改变信号频率（选择有代表性的频率点），观察压电陶瓷变压器输出电压，填在表31-1 内，分别作出压电陶瓷变压器半波谐振模

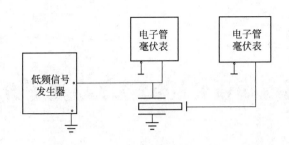

图 31-1　压电陶瓷变压器的幅频特性测试接线图

式及全波谐振模式的幅频特性曲线。

表 31-1　幅频特性实验数据记录表

样品名称										
频率/kHz										
输入电压/V										
输出电压/V										

2. 升压比的测试

（1）测出尺寸为 70mm×18mm×3mm 的压电陶瓷变压器全波谐振模式的空载升压比，测试方法如图 31-1 所示。

（2）测出尺寸为 58mm×7mm×1.8mm 的压电陶瓷变压器全波谐振模式的空载升压比，测试方法如图 31-1 所示。

（3）分析压电陶瓷变压器升压比与几何尺寸的关系。

3. 输入阻抗的测试

（1）测量尺寸为 70mm×18mm×3mm 的压电陶瓷变压器全波谐振模式的负载为 1MΩ 的输入阻抗，测试方法如图 31-2 所示。调节信号发生器的频率和电压幅度，使压电陶瓷变压器工作在全波谐振模式频率上，并有一定的功率输出。从毫伏表上分别读出 V_i、V_R 的数值，电阻 R 的阻值已知。根据欧姆定律便可算出压电陶瓷变压器原输入电流和输入阻抗。

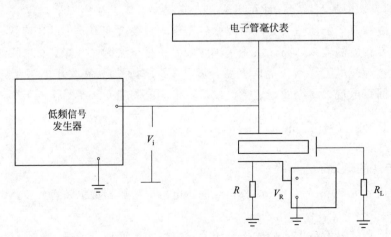

图 31-2　输入阻抗测试接线图

（2）改变负载电阻 R_L 的值，保持输出功率一定。用上述方法分别测量出其输入阻抗并填入表 31-2。

表 31-2 输入阻抗实验数据记录表

样品名称											
R_L											
V_i											
V_R											
R_L											

（3）分析压电陶瓷变压器输入阻抗与负载阻抗的关系。

五、数据记录及处理

（1）列出实验数据，画出幅频特性曲线。
（2）分析实验结果，得出结论。

六、思考题

（1）压电陶瓷的频率特性与哪些因素有关？
（2）压电陶瓷的升压比与试件的几何尺寸有什么关联？

实验32 ZnO压敏电阻综合特性参数的测试

一、实验目的

通过对 ZnO 压敏电阻综合特性参数的测量,熟悉和掌握 ZnO 压敏电阻的工作原理、测试方法,并通过对实验数据的分析、作图,了解 ZnO 压敏电阻伏安特性的非线性效应。

二、实验设备及器材

压敏电阻参数测试仪。

三、实验原理

ZnO 压敏电阻可由 ZnO 添加少量的 Bi_2O_3、Sb_2O_3、Co_2O_3 和 Cr_2O_3 等添加剂烧结而成,可广泛应用于各种电子领域。该压敏电阻的伏安特性表现为优异的非线性,具有强耐浪涌能力以及压敏电压在宽范围内可调等优异特性。ZnO 压敏电阻在正常电压条件下,相当于一只小电容器,而当电路出现过电压时,它的内阻急剧下降并迅速导通,其工作电流增加几个数量级,从而有效地保护了电路中的其他元器件不致过压而损坏。它的伏安特性是对称的。这种元件是利用陶瓷工艺制成的,微观结构中包括氧化锌晶粒以及晶粒周围的晶界层。氧化锌晶粒的电阻率很低,而晶界层的电阻率却很高,相接触的两个晶粒之间形成了一个相当于齐纳二极管的势垒,这就是一个压敏电阻单元,每个单元击穿电压大约 3.5V,如果将许多的这种单元加以串联和并联就构成了压敏电阻的基体。

ZnO 压敏电阻器的典型伏安特性曲线如图 32-1 所示,这不是一条直线,因而也称压敏电阻器为非线性电阻器。压敏电阻器的电阻值在一定电流范围内是可变的。随着电压的升高,压敏电阻器的阻值下降,因此,少许电压增量会引起一个大的电流增量。

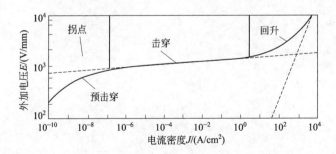

图 32-1　ZnO 压敏电阻器的典型伏安特性曲线

由于压敏电阻器的工作电流和电压范围可跨几个数量级,因此常用对数坐标表示伏安特性。在图 32-1 中,伏安特性曲线分为三段:预击穿区,该区的伏安特性近乎呈直线;击穿区，也称非线性区，此时压敏电阻器的电阻值随电压升高而降低；回升区，伏安特性向线性区过渡。压敏电阻器可用等效电路来表示，如图 32-2 所示。

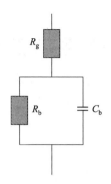

图 32-2 压敏电阻器等效电路

R_g—晶粒电阻；R_b—晶界电阻；C_b—晶界电容

在预击穿区，压敏电阻器处于高阻状态，它只有很小的漏电流，在电路中几乎不消耗能量。在击穿区，压敏电阻器的电阻随电压升高而急剧降低。在此区段，电流变化了几个数量级，而电压基本上不变，表现出非线性电阻性质。在回升区，伏安特性向线性区过渡，此时电流很大。

四、实验内容和步骤

（1）应用压敏电阻参数测试仪测量给定样品的 U_{1mA}、$U_{0.1mA}$ 和 I_L。

（2）由 $\alpha = 1/\lg(U_{1mA}/U_{0.1mA})$ 计算给定样品的非线性系数。

五、数据记录及处理

记录直流稳压电源测量不同电压下通过 ZnO 压敏电阻的电流，作 ZnO 压敏电阻的伏安特性曲线。

六、思考题

ZnO 压敏电阻伏-安特性的非线性效应可应用在哪些方面？为什么会有这种非线性效应？

实验33 铁电陶瓷电滞回线的测量

一、实验目的

(1) 了解铁电参数测试仪的工作原理和使用方法。
(2) 学习用铁电材料参数测试仪测量电滞回线。

二、实验设备及器材

ZT-Ⅰ铁电材料参数测试仪。

三、实验原理

铁电体的电滞回线（图 33-1）是铁电性的一个最重要的标志。其原理是：铁电体在外加电场为零时，晶体中的偶极子在各个可能的取向方向上等概率分布，晶体对外的宏观极化强度为零。这种等概率分布导致了外加电场从任何方向增大，得到的电滞回线均为一致。初始开始加电场前，晶体的状态处在图上的 O 点。当外加电场于铁电体材料时，电场中的偶极子从各个方向不断向电场方向翻转。由于极化强度是单位体积内的电偶极矩的总和，测量的极化强度是两个电极所感应的偶极子翻转对表面电荷的积累效果。

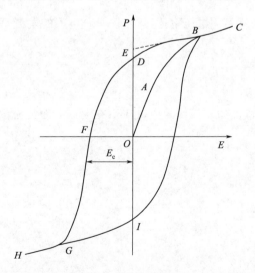

图 33-1 铁电体的电滞回线

图 33-1 中，B 点对应于晶体中全部偶极矩沿电场方向排列，达到了饱和。进一步增加电场，就只有电子及离子的位移极化效应，P-E 呈直线关系，如图中 BC 段。如果减小外电场，晶体的极化强度从 C 点下降，由于自发极化偶极距仍大多在原定电场方向，故 P-E

曲线将沿 CD 曲线缓慢下降。当场强 E 降到零时，极化强度 P 并不下降为零而仍然保留极化，称为剩余极化强度 P_r（对应于图中 OD 段）。这里 P_r 是对整个晶体而言的，而线性部分的延长线与极化轴的截距 P_s（对应图中 OE 段）表示电畴的自发极化强度，相当于每个电畴的固有饱和极化强度。要把剩余极化去掉，必须再加反向电场，以达到晶体中沿电场方向和逆电场方向的电畴偶极矩相等，极化相消。使极化强度重新为零的电场 E_c（对应图中 OF 段）称为矫顽场。如果反向电场继续增加，则所有电畴偶极矩将沿反向定向，达到饱和（对应图中 G 点）。反向场强进一步增加，曲线 GH 段与 BC 段相似。要是电场再返回正向，P-E 曲线便按 $HGIC$ 返回，完成整个电滞回线。电场每变化一周，上述循环发生一次。描述电滞回线最重要的参数为自发极化强度 P_s 和矫顽场强度 E_c。不过矫顽场强度与温度和频率有关，通常温度增加，矫顽场强度下降；频率增加，矫顽场强度增大。

四、实验内容和步骤

电滞回线的测量一般采用正弦波、三角波信号。精确地测定 P_r 值应采用间歇三角波信号。测量电路原理如图 33-2 所示。

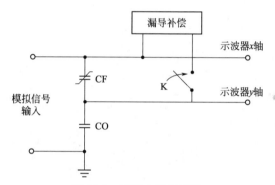

图 33-2 测量电路原理图

测量过程中，根据铁电样品的性能，通过仪器适当选择取样电容 CO 的值（例如，$0.1\mu F$）及漏导补偿，并调节信号频率使漏导补偿处于最佳点，从而得到理想的铁电材料电滞回线。对于薄膜和陶瓷（体材料），测量电滞回线的方法基本相同，只是输入的模拟信号的幅值与频率的范围不同。

1. 体材料测量步骤

（1）仪器与示波器的连接如图 33-3 所示。注意：其中示波器 x 轴应接高压探头（将信号衰减 100 倍），示波器 y 轴选用普通的示波器探头。

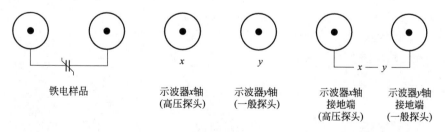

图 33-3 体材料测试接线示意图

（2）将输出信号幅度调节旋钮逆时针旋到底，防止接通电源后，信号强度过大冲击仪器。

（3）按下薄膜/陶瓷按钮（此时，输出信号频率分段开关无效）。补偿按钮一般不要按下，因为体材料的漏导极小，不需补偿，以免发生电滞回线的过补偿。

（4）通过取样选择旋钮选择取样电容 C_0（用于测电滞回线，例如，取 $0.1\mu F$）或取样电阻 R_0（用于测伏安特性曲线，例如，取 $0.1k\Omega$）。

（5）根据测量要求，通过波形选择旋钮选择相应的测量波形。

（6）适当调节输出信号幅度调节旋钮及频率调节旋钮，观察示波器上显示出的电滞回线或伏安特性曲线。

（7）根据需要，重新调节上述步骤。例如，重新选择相应频段并调节频率及重新选择 C_0 或 R_0 以求测到最佳波形。

（8）关闭仪器电源前，请将输出信号幅度调节旋钮逆时针旋到底，同时将薄膜/陶瓷选择按钮调至薄膜状态，防止下次开机时大电流对仪器造成冲击。

注意：操作过程要小心，因为样品上输出有高压，这时频率换挡不起作用而频率调节旋钮可使用。

2. 薄膜材料开关特性测量步骤

仪器与示波器的连接方法如图 33-4 所示。补偿按钮、薄膜/陶瓷按钮均不要按下，此时频率分段、频率调节、幅度调节旋钮均不起作用，脉冲信号的频率与幅值是固定的。

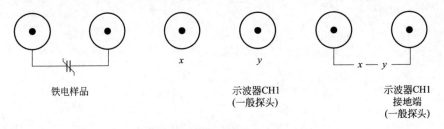

图 33-4　薄膜材料测试接线图

按下锁定、模/数按钮，将波形选择置于正矩形脉冲或负矩形脉冲。取样电阻置于 R 挡，将 R 调节旋钮逆时针旋到底，稍等片刻，将波形选择置于双极性双脉冲挡，调节 R 调节旋钮（顺时针 R 值增加）观察示波器上的波形。若波形不佳可调节 R 旋钮，若波形非双极性双脉冲形式可先释放锁定按钮，接着再一次按下，以调节正极性双脉冲与负极性双脉冲之间的时间间隔而获得合适的双极性双脉冲波形。上述过程可多次调节以求测到最佳波形。当测到最佳波形后，R 值的测定如下：

（1）R 旋钮不要动。

（2）关闭电源开关，去掉接入仪器上的全部连线。

（3）用万用表测量接线柱和两端的电阻，即可获得 R 值。

注意：此时取样电阻位于 R 挡。

五、注意事项

（1）本仪器使用后，最好将接入的连线全部拆除。频率换挡置于 $100Hz\sim1kHz$ 位置，幅度调节旋钮逆时针旋到底，R 调节旋钮顺时针旋到底，波形选择置于正弦位置，取样电容挡于 1nF 位置，这样可确保下次使用时仪器不受高压的冲击。例如，若幅度调节旋钮处在最大位置，一旦薄膜/陶瓷按钮按下，则本仪器就可能输出 4500V 以上的高压，此时仪器内部电路会产生很大的冲击电流而损坏仪器。

（2）不要短接铁电样品输入端。

（3）严禁将示波器 x 轴接地端及 y 轴接地端错接到 x 轴及 y 轴接线柱上。

（4）避免测试时示波器探头与机箱金属面板接触构成回路，以免造成仪器损坏。

六、数据记录及处理

（1）观察示波器图形，从刻度上估算出剩余极化强度的大小。

（2）对不同条件下得到的电滞回线及伏安特性曲线拍照。

七、思考题

（1）电滞回线的形状与哪些因素有关，如何判断其铁电性能的好坏？

（2）如何从电滞回线得出剩余极化强度、饱和极化强度和矫顽场的大小？

（3）电滞回线的面积具有什么物理意义？

实验34　水泥密度测试

一、实验目的

掌握比重瓶法测试水泥密度的原理及方法。

二、实验设备及器材

（1）李氏瓶：由优质玻璃制成，透明无条纹，具有抗化学侵蚀性且热滞后性小，有足够的厚度确保良好的耐裂性。李氏瓶横截面形状为圆形，外形尺寸如图34-1所示。瓶颈刻度由0~1mL和18~24mL两段组成，以0.1mL为分度值，任何标明的容量误差都不大于0.05mL。

（2）恒温水槽：应有足够大的容积，使水温可以稳定控制在20℃±1℃。

（3）天平：量程不小于100g，分度值不大于0.01g。

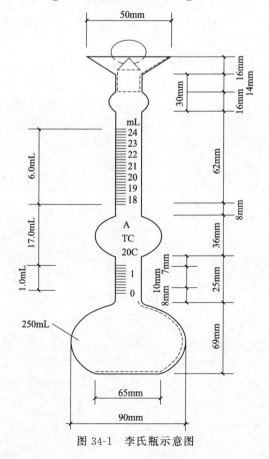

图34-1　李氏瓶示意图

（4）温度计：量程包含 0～50℃，分度值不大于 0.1℃。

（5）烘箱：能使温度控制在（105±5）℃。

（6）无水煤油。

三、实验原理

将一定质量的水泥倒入装有足够量液体介质的李氏瓶内，使液体介质充分浸润水泥颗粒。根据阿基米德原理，水泥颗粒的体积等于它所排开的液体体积，从而算出水泥单位体积的质量即为水泥密度，单位是 g/cm³。实验时，液体介质采用无水煤油或不与水泥发生反应的其他液体。

应用比重瓶法测试密度具有仪器简单、操作方便、结果可靠等优点。这种方法不仅适用于测定水泥的密度，也适用于测定其他粉状物料的密度。

四、实验内容和步骤

（1）水泥试样先在 105℃±5℃温度下烘干 1h，并在干燥器内冷却至室温，室温应控制在 20℃±1℃。李氏瓶在使用时必须刷净烘干。

（2）称取质量（m）为 60g 的水泥，精确至 0.01g。

（3）将无水煤油注入李氏瓶中至 0～1mL 之间刻线后，盖上瓶塞放入恒温水槽内，使刻度部分浸入水中（水温控制在 20℃±1℃），恒温至少 30min，记下无水煤油的初始（第一次）读数（V_1）。

（4）从恒温水槽中取出李氏瓶，用滤纸将李氏瓶细长颈内没有煤油的部分仔细擦干净。

（5）用小匙将水泥样品一点点地装入李氏瓶中，反复摇动，直至没有气泡排出，再次将李氏瓶静置于恒温水槽中，使刻度部分浸入水中，恒温至少 30min，记下第二次读数（V_2）。

（6）第一次读数和第二次读数时，恒温水槽的温度差不大于 0.2℃。

五、数据记录及处理

（1）水泥密度测试数据记录于表 34-1 中。

表 34-1 水泥密度测试数据记录表

组别	m/g	V_1/mL	V_2/mL	ρ/(g/cm³)	实验结果 $\bar{\rho}$/(g/cm³)
I					
II					

（2）水泥密度 ρ 按 $\rho = m/(V_2 - V_1)$ 计算，结果精确至 0.01g/cm³。式中，ρ 为水泥密度，g/cm³；m 为水泥质量，g；V_1 为李氏瓶第一次读数，mL；V_2 为李氏瓶第二次读数，mL。实验结果取两次测试结果的算术平均值，两次测定结果之差不大于 0.02g/cm³。

六、思考题

（1）测定水泥密度时应注意哪些问题？影响测试结果准确性的因素有哪些？

（2）为什么李氏瓶在使用前必须要刷净烘干？

实验35　水泥细度的测定——筛析法

一、实验目的

本实验的目的是用筛析法检测水泥颗粒的粗细程度，掌握筛析法检验水泥细度的方法。由于水泥的许多性质，如凝结时间、强度、收缩性等，都与水泥细度有关，因此，必须检测水泥的细度，并将其作为评定水泥质量的依据之一。

二、实验设备及器材

（1）实验筛：由圆形筛框和筛网组成，筛网为金属丝编织方孔筛，方孔边长分别为 $80\mu m$ 和 $45\mu m$，分负压筛、水筛和手工筛三种。负压筛筛框上口直径 ϕ 为 150mm，下口直径 ϕ 为 142mm，高 25mm，应附有透明筛盖，筛盖与筛框上口应有良好的密封性。水筛筛框有效直径为 125mm，高 80mm。手工筛筛框有效直径为 150mm，高 50mm，并附有筛盖。实验筛筛网应紧绷在筛框上，筛网和筛框接触处，应用防水胶密封，防止水泥嵌入。

（2）负压筛析仪：由筛座、负压筛、负压源及收尘器组成，其中筛座由转速为 30r/min± 2r/min 的喷气嘴、负压表、控制板、微电机及壳体构成，见图 35-1。筛析仪负压可调范围为 $4000\sim6000Pa$。喷气嘴上口平面与筛网之间距离为 $2\sim8mm$。负压源和收尘器由功率600W 的工业吸尘器和小型旋风收尘筒组成，或用其他具有相当功能的设备。

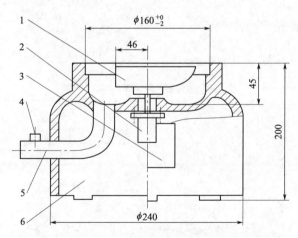

图 35-1　负压筛析仪筛座示意图

单位：mm

1—喷气嘴；2—微电机；3—控制板开口；

4—负压表接口；5—负压源及收尘器接口；6—壳体

（3）水筛架：用于支撑筛子，并带动筛子转动，转速约 50r/min。

（4）喷头：直径为 55mm，面上均匀分布 90 个孔，孔径为 0.5～0.7mm，安装高度离筛布 50mm 为宜。

（5）天平：最大称量不大于 100g，最小分度值不大于 0.01g。

三、实验原理

筛析法是让待测的水泥通过一定孔径的筛子（目前，我国国家标准采用的是 $80\mu m$ 和 $45\mu m$ 的方孔筛），然后称量筛余的质量，通过计算筛余的质量占水泥总质量的比例即可求得筛余率，用筛余率表示水泥样品的细度。

筛析法测试水泥细度的方法包括负压筛析法、水筛法和手工筛析法。

（1）负压筛析法。用负压筛析仪，通过负压源产生的恒定气流，在规定筛析时间内使实验筛内的水泥得到筛分。

（2）水筛法：将实验筛放在水筛座上，用规定压力的水流，在规定时间内使实验筛内的水泥得到筛分。

（3）手工筛析法：将实验筛放在接料盘（底盘）上，用手工按照规定的拍打速度和转动角度，对水泥进行筛析实验。

四、实验内容和步骤

（1）实验准备：实验前所用实验筛应保持清洁，负压筛和手工筛应保持干燥。实验时，$80\mu m$ 筛析实验称取试样 25g，$45\mu m$ 筛析实验称取试样 10g。

（2）负压筛析法：筛析实验前应把负压筛放在筛座上，盖上筛盖，接通电源，检查控制系统，调节负压至 4000～6000Pa 范围内。称取试样精确至 0.01g，置于洁净的负压筛中，放在筛座上，盖上筛盖，接通电源，开动筛析仪连续筛析 2min，在此期间如有试样附着在筛盖上，可轻轻地敲击筛盖使试样落下。筛毕，用天平称量全部筛余物。当工作负压小于 4000Pa 时，应清理吸尘器内灰尘，使负压恢复正常。

（3）水筛法：筛析实验前，应检查水中无泥、砂，调整好水压及水筛架的位置，使其能正常运转，并控制喷头底面和筛网之间距离为 35～75mm。称取试样精确至 0.01g，置于洁净的水筛中，立即用淡水冲洗，至大部分细粉通过后，放在水筛架上，用水压为 0.05MPa ±0.02MPa 的喷头连续冲洗 3min。筛毕，用少量水把筛余物冲至蒸发皿中，等水泥颗粒全部沉淀后，小心倒出清水，烘干并用天平称量全部筛余物。

（4）手工筛析法：称取水泥试样精确至 0.01g，倒入手工筛内。用一只手持筛往复摇动，另一只手轻轻拍打，往复摇动和拍打过程应保持近于水平。拍打速度约 120 次每分钟，每 40 次向同一方向转动 60°，使试样均匀分布在筛网上，直至每分钟通过的试样量不超过 0.03g 为止。称量全部筛余物。

（5）实验筛必须经常保持洁净，筛孔通畅，使用 10 次后要进行清洗。金属框筛、铜丝网筛清洗时应用专门的清洗剂，不可用弱酸浸泡。

五、数据记录及处理

（1）水泥试样筛余率按式 $F = R_t/W$ 计算，结果精确至 0.1%。式中，F 为水泥试样的筛余率，%；R_t 为水泥筛余物的质量，g；W 为水泥试样的质量，g。

（2）筛析法测试水泥细度数据记录在表 35-1 中。

表 35-1　筛析法测试水泥细度数据记录表

组别	筛孔尺寸/μm	W/g	R_t/g	F/%	实验结果 $\overline{F}$/%
I					
II					

（3）结果评定：每个样品应称取两个试样分别筛析，取筛余平均值为筛析结果。若两次筛余结果绝对误差大于 0.5% 时（筛余率大于 5.0% 时可放宽至 1.0%）应再做一次实验，取两次相近结果的算术平均值作为最终结果。当 80μm 方孔筛筛余率≤10% 或 45μm 方孔筛筛余率≤30% 时为合格。

（4）当负压筛析法、水筛法、手工筛析法的测定结果发生争议时，以负压筛析法的测定结果为准。

六、讨论与思考

（1）水泥细度对水泥生产有哪些影响？
（2）水泥细度对水泥水化速度和水化历程有什么影响？

实验36　水泥中三氧化硫含量的测定——硫酸钡重量法

一、实验目的

了解硫酸钡重量法测定三氧化硫（SO_3）的原理及方法，并测定水泥中的 SO_3 含量。

二、实验设备及器材

1.实验设备

（1）天平：精确至 0.0001g。

（2）磁力搅拌器 200～300r/min。

（3）盘式电炉、高温炉（800℃）。

（4）其他：坩埚、烧杯、量筒、干燥器、滤纸、过滤漏斗等。

2.实验试剂

盐酸（1+1）；质量浓度 10% 的 $BaCl_2$ 溶液；质量浓度 10% 的 $AgNO_3$ 溶液。

三、实验原理

水泥中的 SO_3 主要由作为缓凝剂的石膏带入，适量的 SO_3 可调节水泥的凝结时间，并可增加水泥的强度。制造膨胀水泥时，石膏还是一种膨胀组分，赋予水泥膨胀性能。但石膏量过多，会导致水泥安定性不良。因此，水泥中 SO_3 含量是水泥重要的质量指标。

由于水泥中石膏的存在形态及其性质不同，测定水泥中 SO_3 的方法有很多种，有硫酸钡重量法、离子交换法、碘量法、分光光度计法等。本实验采用硫酸钡重量法，其不仅在准确性方面，而且在适应性和测量范围方面都优于其他方法，但其缺点是过程烦琐、费时。

硫酸钡重量法是在酸性溶液中，用氯化钡沉淀硫酸盐，经过滤灼烧后，以硫酸钡形式称量，测定结果以 SO_3 计。

由于在磨制水泥中，需加入一定量石膏，加入量的多少主要反映在水泥中 SO_4^{2-} 的数量上。所以可采用 $BaCl_2$ 做沉淀剂，用盐酸分解，控制溶液浓度在 0.2～0.4mol/L 的条件下，沉淀 SO_4^{2-}，生成 $BaSO_4$ 沉淀，其溶解度很小（$K_{sp}=1.1\times10^{-10}$），化学性质稳定，灼烧后的组分与分子式符合。

四、实验内容和步骤

（1）称取约 0.5g 水泥试样（m_1），精确至 0.0001g，置于 200mL 烧杯中，加入约 40mL 水，搅拌使试样完全分散，在搅拌过程中加入 10mL 盐酸（1+1），用平头玻璃棒压碎块状物，加热煮沸并保持微沸 (5±0.5)min。

（2）用中速滤纸过滤，用热水洗涤 10～12 次，滤液及洗液收集于 400mL 烧杯中。加水稀释至约 250mL，玻璃棒底部压一小片定量滤纸，盖上表面皿，加热煮沸，在微沸下从杯口缓慢逐滴加入 10mL 热的质量浓度 10% 的 $BaCl_2$ 溶液，继续微沸 3min 以上使沉淀良好的形成，然后在常温下静置 12～24h 或温热处静置至少 4h，此时溶液体积应保持在约 200mL。

（3）用慢速定量滤纸过滤，以温水洗涤，直至检验无氯离子为止（用质量浓度 10% 的 $AgNO_3$ 溶液检验）。

（4）将沉淀及滤纸一并移入已灼烧至恒重（m_0）的瓷坩埚中，灰化完全后，放入 800～950℃ 的高温炉内灼烧 30min，取出坩埚，置于干燥器中冷却至室温，称量。反复灼烧，直至恒重（m_2）。

五、数据记录及处理

（1）实验数据记录在表 36-1 中。

表 36-1　水泥中三氧化硫含量的测定实验记录表

试样编号	试样质量 m_1/g	坩埚质量 m_0/g	坩埚+沉淀质量 m_2/g	沉淀质量 m_2-m_1/g	w_{SO_3}/%	平均值
1						
2						
3						

（2）水泥试样中三氧化硫的质量分数 w_{SO_3} 按 $w_{SO_3} = \dfrac{(m_2-m_0)\times 0.343}{m_1}\times 100\%$ 计算。

式中，w_{SO_3} 为三氧化硫的质量分数，%；m_0 为坩埚质量，g；m_1 为水泥试样的质量，g；m_2 为坩埚和沉淀的质量，g。

（3）两次测量结果的绝对误差应在 0.10 以内，如果超出此范围，需进行第三次检测，所得结果与前两次或任一次测定结果之差符合以上规定时，则取其平均值作为测定结果。否则，应查找原因，重新按上述规定进行实验分析。

六、思考题

（1）用硫酸钡重量法测定水泥中三氧化硫时，为什么要加热处理？

（2）用硫酸钡重量法测定水泥中三氧化硫时，为什么要将溶液酸度控制为 0.2～0.4mol/L？

实验37 细集料表观密度实验

一、实验目的

掌握容量瓶法测定混凝土细集料（天然砂、机制砂）表观密度的方法，并测定实验室温度下细集料的表观密度，为混凝土配合比设计提供依据。

二、实验设备及器材

（1）鼓风干燥箱：能使温度控制在（105±5）℃。

（2）天平：称量1000g，感量0.1g。

（3）容量瓶：500mL。

（4）干燥器、搪瓷盘、滴管、毛刷、温度计等。

三、实验原理

在一定温度范围内，利用容量瓶测定细集料试样与同温度下水的相对密度，再进行温度修正，从而计算出细集料的表观密度。

四、实验内容和步骤

（1）试样准备。用四分法将待测试样缩分至660g，放在干燥箱中于（105±5）℃下烘干至恒重，待冷却至室温后，分为大致相等的两份备用。

（2）称取试样300g（m_0），精确至0.1g。将试样装入容量瓶中，注入冷开水至接近500mL的刻度处，用手旋转摇动容量瓶，使细集料试样充分摇动，排除气泡，塞紧瓶盖，静置24h。然后用滴管小心加水至容量瓶500mL处，塞紧瓶盖，擦干瓶外水分，称出其质量（m_1），精确至1g。

（3）倒出瓶内的水和试样，洗净容量瓶，再向容量瓶内注水［与实验步骤（2）中的水温应相差不超过2℃，并在15～25℃范围内］至500mL刻度处，塞紧瓶塞，擦干瓶外水分，称出其质量（m_2），精确至1g。

（4）在细集料表观密度实验过程中应测量并控制水的温度，实验的各项称量可在15～25℃的温度范围内进行，从试样加水静置的最后2h起直至实验结束，其温度相差不应超过2℃。

五、数据记录及处理

（1）细集料表观密度实验记录于表37-1中。

表 37-1　细集料表观密度实验记录表

实验次数	烘干试样质量 m_0/g	试样+水+容量瓶质量 m_1/g	水+容量瓶质量 m_2/g	水温 /℃	试样的表观密度 ρ_0/(kg/m³)	表观密度平均值 ρ/(kg/m³)
1						
2						

（2）细集料的表观密度按 $\rho_0 = \left(\dfrac{m_0}{m_0 + m_2 - m_1} - \alpha_t \right) \times \rho_w$ 计算，精确至 10kg/m^3。式中，ρ_0 为试样的表观密度，kg/m^3；ρ_w 为 1000，kg/m^3；m_0 为烘干试样的质量，g；m_1 为试样、水及容量瓶的总质量，g；m_2 为水及容量瓶的总质量，g；α_t 为水温对表观密度影响的修正系数，其值见表 37-2。

表 37-2　不同水温时水的密度和水温修正系数

水温/℃	15	16	17	18	19	20	21	22	23	24	25
水的密度/(g/cm³)	0.99913	0.99897	0.99880	0.99862	0.99843	0.99822	0.99802	0.99779	0.99756	0.99733	0.99702
α_t	0.002	0.003	0.003	0.004	0.004	0.005	0.005	0.006	0.006	0.007	0.008

（3）表观密度取两次实验结果的算术平均值，精确至 10kg/m^3。如两次实验结果之差大于 20kg/m^3，应重新实验。

六、思考题

（1）细集料的表观密度对混凝土配合比有何影响？

（2）在用容量瓶法测试细集料表观密度的实验过程中，为什么要严格控制温度相差不应超过 2℃？

实验38　细集料堆积密度与空隙率实验

一、实验目的

掌握混凝土细集料（天然砂、机制砂）堆积密度与空隙率的测定方法，并测定实验室温度下细集料的堆积密度和空隙率，为混凝土配合比设计提供依据。

二、实验设备及器材

（1）鼓风干燥箱：能使温度控制在（105±5）℃。

（2）天平：称量10kg，精确至1g。

（3）容量筒（圆柱形金属筒，内径108mm，净高109mm，壁厚2mm，筒底厚约5mm，容积为1L）、方孔筛（孔径为4.75mm的筛一只）、垫棒（直径10mm，长500mm的圆钢）、直尺、漏斗或料勺、搪瓷盘、毛刷、玻璃片等。

三、实验原理

使细集料在自由落体状态下落入一定容积的容量筒中，测定其松散堆积密度；使细集料在一定力的振动状态下装入一定容积的容量筒中，测定其紧密堆积密度。根据松散堆积密度、紧密堆积密度和表观密度计算细集料的空隙率。

四、实验内容和步骤

（1）用搪瓷盘装取试样约3L，放在干燥箱中于（105±5）℃下烘干至恒重，待冷却至室温后，筛除大于4.75mm的颗粒，分为大致相等的两份备用。

（2）称取容量筒的质量（m_0），精确至1g。

（3）容量筒容积的标定：称取容量筒＋玻璃片的质量（m_a），精确至1g；用水装满容量筒，测量水温，擦干筒外壁的水分，称取容量筒＋玻璃片＋水的总质量（m_b），精确至1g，并按水的密度对容量筒的容积按 $V = \dfrac{m_b - m_a}{\rho_w}$ 校正。式中，V 为容量筒的容积；m_a 为容量筒＋玻璃片的质量；m_b 为容量筒＋玻璃片＋水的总质量；ρ_w 为实验温度 T 时水的密度，按实验37的表37-2中数值选用。

（4）松散堆积密度：取试样一份，用漏斗或料勺将试样从容量筒中心上方50mm处徐徐倒入，让试样自由落体落下，当容量筒上部试样呈堆体，且容量筒四周溢满时，即停止加料，然后用直尺沿筒口中心线向两边刮平（实验过程应防止触动容量筒），称出试样和容量筒总质量（m_1），精确至1g。

（5）紧密堆积密度：取试样一份分两次装入容量筒。装完第一层后（约稍高于二分之一筒高），在筒底垫放一根直径为 10mm 的钢筋，将筒按住，左右交替击地面各 25 下。然后装入第二层，第二层装满后用同样方法颠实（但筒底所垫钢筋的方向与第一层时的方向垂直）后，再加试样直至超过筒口，然后用直尺沿筒口中心线向两边刮平，称出试样和容量筒总质量（m_2），精确至 1g。

五、数据记录及处理

（1）容量筒容积标定记录表见表 38-1。

表 38-1 容量筒容积标定记录表

水温 /℃	水的密度 ρ_w /(g/cm³)	容量筒+玻璃片的质量 m_a /g	容量筒+玻璃片+水的总质量 m_b /g	容量筒容积 V /mL

（2）松散堆积密度和紧密堆积密度实验记录表见表 38-2。

表 38-2 松散堆积密度和紧密堆积密度实验记录表

序号	容量筒容积 V/mL	容量筒质量 m_0/g	容量筒和松散堆积密度试样总质量 m_1/g	容量筒和紧密堆积密度试样总质量 m_2/g	松散堆积密度 ρ/(g/cm³)	紧密堆积密度 ρ'/(g/cm³)
1						
2						
平均值						

（3）空隙率记录表见表 38-3。

表 38-3 空隙率记录表

表观密度/(g/cm³)	松散或紧密堆积密度/(g/cm³)	空隙率/%

（4）松散和紧密堆积密度分别按 $\rho = \dfrac{m_1 - m_0}{V}$ 和 $\rho' = \dfrac{m_2 - m_0}{V}$ 计算，精确至 10kg/m^3。式中，ρ 为细集料的松散堆积密度，kg/m^3；ρ' 为细集料的紧密堆积密度，kg/m^3；m_0 为容量筒的质量，g；m_1 为容量筒和松散堆积密度试样的总质量，g；m_2 为容量筒和紧密堆积密度试样的总质量，g；V 为容量筒容积，mL。

（5）空隙率按 $n = \left(1 - \dfrac{\rho}{\rho_a}\right) \times 100\%$ 计算，精确至 1%。式中，n 为细集料的空隙率，%；ρ 为细集料的松散或紧密堆积密度，g/cm^3；ρ_a 为细集料的表观密度，g/cm^3。

（6）松散和紧密堆积密度以两次实验结果的算术平均值作为测定值。

六、思考题

（1）细集料的堆积密度和空隙率对混凝土配合比有何影响？
（2）细集料的堆积密度和空隙率与细集料的颗粒级配有何关系？

实验39 细集料含水率实验

一、实验目的

掌握混凝土细集料（天然砂、机制砂）含水率的测定方法，并测定实验室温度下细集料的含水率，为混凝土配合比设计提供依据。

二、实验设备及器材

（1）鼓风干燥箱：能使温度控制在（105±5）℃。

（2）天平：称量1000g，精确至0.1g。

（3）干燥器、搪瓷盘、小勺、毛刷等。

三、实验原理

将湿砂干燥，测量其干燥前后的质量，干燥前后的质量之差为水的质量，即可求出含水率。

四、实验内容和步骤

（1）取约500g试样装入已称量质量为 m_1（g）的搪瓷盘中，称出试样连同搪瓷盘的总质量 m_2（g），然后摊开试样，置于温度为（105±5）℃的烘箱中烘至恒重，并置于干燥器中冷却至室温。

（2）称取烘干试样连同搪瓷盘的总质量 m_3（g）。

五、数据记录及处理

（1）细集料含水率实验记录表见表39-1。

表 39-1 细集料含水率实验记录表

实验次数	搪瓷盘质量 m_1 /g	湿试样＋瓷盘的总质量 m_2 /g	烘干试样＋瓷盘的总质量 m_3/g	含水率 w/%	含水率平均值 /%
1					
2					

（2）试样的含水率按 $w = \dfrac{m_2 - m_3}{m_3 - m_1} \times 100\%$ 计算，精确至0.1%。式中，w 为细集料的含水率，%；m_1 为容器搪瓷盘的质量，g；m_2 为湿试样和搪瓷盘总质量，g；m_3 为烘干试样和搪瓷盘总质量，g。

（3）含水率取两次实验结果的算术平均值，两次实验结果之差大于 0.2% 时，应重新实验。

六、思考题

（1）测定细集料的含水率对混凝土的配合比设计有何意义？
（2）如果测定细集料的含水率偏大，对混凝土有何影响？

实验40　细集料含泥量测定实验

一、实验目的

掌握细集料中含泥量的测定方法，并测试细集料的含泥量，了解细集料中微细颗粒对混凝土的影响。

二、实验设备及器材

(1) 鼓风干燥箱：能使温度控制在 (105±5)℃。

(2) 天平：称量1000g，精确至0.1g。

(3) 方孔筛：孔径为0.075mm及1.18mm的筛各一只。

(4) 淘洗容器（要求淘洗试样时，保持试样不溅出，深度大于250mm）、搪瓷盘、毛刷等。

三、实验原理

细集料中粒径小于0.075mm的微细颗粒，易在骨料表面形成包裹层，阻碍骨料与水泥的胶结，或者以松散的颗粒状态存在，由于具有很大的比表面积，会增加混凝土的需水量，同时含有的体积不稳定的颗粒，在干缩湿胀时对混凝土有较大的破坏作用。所以要控制骨料中微细颗粒含量在允许的范围内。

将烘干的细集料制样在水中浸泡淘洗，使颗粒溶解或悬浮于水中，再把含泥的水滤出，称量大于0.075mm粒径细集料的质量，即可计算出含泥量。

四、实验内容和步骤

(1) 将试样用四分法缩分至约1100g，放在干燥箱中于 (105±5)℃下烘干至恒重，冷却至室温后，分为大致相等的两份备用。

(2) 称取制样500g (m_0)，精确至0.1g。将试样倒入淘洗容器中，注入清水，使水面高于试样面约150mm，充分搅拌均匀后，浸泡2h，然后用手在水中淘洗试样，使尘屑、淤泥和黏土与细集料分离，把浑水缓缓倒入1.18mm及0.075mm的套筛上（1.18mm筛放在0.075mm筛上面），滤去小于0.075mm的颗粒。实验前筛子的两面应先用水润湿，在整个过程中应小心防止细集料流失。

(3) 再向容器中注入清水，重复上述操作，直至容器内的水目测清澈为止。

(4) 用水淋洗剩余在筛上的细集料，并将0.075mm筛放在水中（使水面略高出筛中细集料的上表面）来回摇动，以充分洗掉小于0.075mm的颗粒，然后将两只筛的筛余颗粒和淘洗容器中已经洗净的试样一并倒入搪瓷盘，放在干燥箱中于 (105±5)℃下烘干至恒重，冷却至室温后，称出其质量（m_1），精确至0.1g。

五、数据记录及处理

（1）细集料含泥量实验记录表见表40-1。

表40-1 细集料含泥量实验记录表

实验次数	淘洗前烘干试样的质量 m_0/g	淘洗后烘干试样的质量 m_1/g	试样含泥量 Q_a/%	含泥量平均值 Q/%
1				
2				

（2）细集料的含泥量按 $Q_a = \dfrac{m_0 - m_1}{m_0} \times 100\%$ 计算，精确至0.1%。式中，Q_a 为细集料的含泥量；m_0 为淘洗前烘干试样的质量；m_1 为淘洗后烘干试样的质量。

（3）含泥量取两个试样的实验结果算术平均值作为测定值。

六、思考题

（1）细集料的含泥量对混凝土的工作性及减水剂作用效果有何影响？
（2）细集料的含泥量对混凝土的强度及耐久性有何影响？

 **实验41 粗骨料的筛分实验**

一、实验目的

掌握混凝土粗骨料（碎石和卵石）的筛分实验方法，并测定混凝土粗骨料的颗粒级配，为混凝土配合比设计提供依据。

二、实验设备及器材

（1）鼓风干燥箱：能使温度控制在（105±5）℃。

（2）天平或台秤：称量10kg，精确至1g。

（3）方孔筛：孔径分别为2.36mm、4.75mm、9.50mm、16.0mm、19.0mm、26.5mm、31.5mm、37.5mm、53.0mm、63.0mm、75.0mm及90.0mm的筛各一只，并附有筛底和筛盖（筛框内径为300mm）。

（4）摇筛机。

（5）搪瓷盘、毛刷等。

三、实验原理

用不同孔径的标准筛对粗骨料进行逐级筛分，然后测量每级筛上筛余量，求得以质量分数表示的粒度分布，并评价被测试样的级配。

四、实验内容和步骤

（1）所需试样的最少用量见表41-1。将待测试样缩分至略大于表41-1规定的数量，烘干或风干后备用。

表 41-1　颗粒级配实验所需试样的最少用量

最大公称粒径/mm	9.5	16.0	19.0	26.5	31.5	37.5	63.0	75.0
最少试样质量/kg	1.9	3.2	3.9	5.0	6.3	7.5	12.5	16.0

（2）根据试样的最大粒径，称取按表41-1规定数量的试样一份，精确到1g。将试样倒入按孔径大小从上到下组合的套筛（附筛底）上，然后进行筛分。

（3）将套筛置于摇筛机上，摇10min后取下套筛，按筛孔大小顺序再逐个用手筛，筛至每分钟通过量小于试样总量0.1％为止。通过的颗粒并入下一号筛中，并和下一号筛中的试样一起过筛，这样顺序进行，直至各号筛全部筛完为止。当筛余颗粒的粒径大于19.0mm时，在筛分过程中，允许用手指拨动颗粒。

（4）称出各号筛的筛余量，精确至1g。

五、数据记录及处理

（1）将粗骨料筛分实验结果填写到记录表 41-2 中。

表 41-2 粗骨料筛分记录表

试样质量 m /g	筛孔尺寸 /mm	各筛存留质量 m_i/g			分计筛余 a_i /%	累计筛余 A_i /%	通过率 P_i /%
		第一次	第二次	平均值			
	90.0						
	75.0						
	63.0						
	53.0						
	37.5						
	31.5						
	26.5						
	19.0						
	16.0						
	9.50						
	4.75						
	2.36						
	筛底						
	合计						

（2）计算分计筛余率：各号筛的筛余量与试样总质量之比，精确至 0.1%。

（3）计算累计筛余率：该号筛及以上各筛的分计筛余率之和，精确至 1%。筛分后，如每号筛的筛余量与筛底的筛余量之和同原试样质量之差超过 1%时，应重新实验。

（4）根据各号筛的累计筛余率，采用修约值比较法评定该试样的颗粒级配。

（5）以两次筛分平均值在坐标纸上以筛孔尺寸为横坐标，以累计筛余率为纵坐标，绘制标准级配曲线（以表 41-3 级配为准）和测试筛分曲线。

表 41-3 碎石或卵石的颗粒级配范围

公称粒径 /mm		方孔筛/mm											
		2.36	4.75	9.50	16.0	19.0	26.5	31.5	37.5	53.0	63.0	75.0	90.0
		累计筛余/%											
连续粒级	5~16	95~100	85~100	30~60	0~10	0							
	5~20	95~100	90~100	40~80		0~10	0						
	5~25	95~100	90~100		30~70		0~5	0					
	5~31.5	95~100	90~100	70~90		15~45		0~5	0				
	5~40		95~100	70~90		30~65			0~5	0			

续表

公称粒径 /mm		方孔筛/mm											
		2.36	4.75	9.50	16.0	19.0	26.5	31.5	37.5	53.0	63.0	75.0	90.0
		累计筛余/%											
单粒粒级	5～10	95～100	80～100	0～15	0								
	10～16		95～100	80～100	0～15								
	10～20		95～100	85～100		0～15	0						
	16～25			95～100	55～70	25～40	0～10						
	16～31.5		95～100		85～100			0～10	0				
	20～40			95～100		80～100			0～10	0			
	40～80					95～100			70～100		30～60	0～10	0

六、思考题

（1）粗骨料的级配对混凝土拌合物的工作性和硬化混凝土的性能有何影响？

（2）当一种粗骨料的颗粒级配不合理时，如何用另一种级配的骨料进行调配？

实验42 粗骨料针、片状颗粒含量实验

一、实验目的

掌握混凝土粗骨料（碎石和卵石）针、片状颗粒的判定方法，同时掌握针、片状颗粒含量的计算方法。

二、实验设备及器材

（1）针状规准仪和片状规准仪。

（2）天平或台秤：称量10kg，精确至1g。

（3）方孔筛：孔径为4.75mm、9.50mm、16.0mm、19.0mm、26.5mm、31.5mm及37.5mm的筛各一个。

三、实验原理

碎石或卵石中，颗粒长度大于该颗粒所属粒级的算术平均粒径（该号筛与上一号筛孔径的算术平均值）的2.4倍的颗粒为针状颗粒，厚度小于算术平均粒径0.4倍的颗粒为片状颗粒。针、片状颗粒不仅降低混凝土的和易性，而且对混凝土的强度也产生不利影响。配制不同强度等级的混凝土，对针状和片状颗粒含量有不同的要求，所以在选择混凝土粗骨料时，要控制其含量。

把粗骨料试样进行筛分，对每级筛上的每一个颗粒测量其最大长度和最小厚度，根据该颗粒所属粒级的算术平均值判断该颗粒是否属于针、片状颗粒。

四、实验内容和步骤

（1）所需试样的最少用量见表42-1。将待测试样缩分至略大于表42-1规定的数量，烘干或风干后备用。

表42-1 针、片状颗粒含量实验所需试样的最少用量

最大公称粒径/mm	9.5	16.0	19.0	26.5	31.5	37.5	63.0	75.0
最少试样质量/kg	0.3	1.0	2.0	3.0	5.0	10.0	10.0	10.0

（2）根据试样的最大公称粒径，称取按表42-1规定数量的试样一份，精确到1g，然后按表42-2规定的粒级进行筛分。

（3）按表42-2规定的粒级分别用规准仪逐粒检验，凡颗粒长度大于针状规准仪上相应间距者，为针状颗粒；颗粒厚度小于片状规准仪上相应孔宽者，为片状颗粒。称出其总质量，精确至1g。

表 42-2　针、片状颗粒含量实验的粒级划分及其相应的规准仪孔宽或间距　单位：mm

石子粒级	4.75<尺寸≤9.50	9.50<尺寸≤16.0	16.0<尺寸≤19.0	19.0<尺寸≤26.5	26.5<尺寸≤31.5	31.5<尺寸≤37.5
片状规准仪相对应孔宽	2.7	5.1	7.0	9.1	11.6	13.9
针状规准仪相对应间距	17.1	30.6	42.0	54.6	69.6	82.7

（4）粒径大于 37.5mm 的碎石或卵石可用卡尺检验针、片状颗粒，卡尺卡口的设定宽度应符合表 42-3 的规定。

表 42-3　大于 37.5mm 的针、片状颗粒含量实验的粒级划分及其相应的卡尺卡口设定宽度

单位：mm

石子粒级	37.5<尺寸≤53.0	53.0<尺寸≤63.0	63.0<尺寸≤75.0	75.0<尺寸≤90.0
检验片状颗粒的卡尺卡口设定宽度	18.1	23.2	27.6	33.0
检验针状颗粒的卡尺卡口设定宽度	108.6	139.2	165.6	198.0

五、数据记录及处理

（1）粗骨料针、片状颗粒含量实验结果填写到记录表 42-4。

表 42-4　粗骨料针、片状颗粒含量实验记录表

筛孔尺寸/mm	4.75	9.50	16.0	19.0	26.5	31.5	37.5	>37.5
筛余质量/kg								
片余量/g								
针余量/g								
片针含量/%								
片针总含量/%								

（2）针、片状颗粒含量按 $Q_c = \dfrac{m_2}{m_1} \times 100\%$ 计算，精确至 1%。式中，Q_c 为针、片状颗粒含量，%；m_1 为试样的质量，g；m_2 为试样中所含针、片状颗粒的总质量，g。

六、思考题

（1）粗骨料的针、片状颗粒含量较多对混凝土拌合物的工作性有何影响？

（2）粗骨料的针、片状颗粒含量如何影响混凝土的强度？

实验43 沥青混合料密度、体积指标测试

一、实验目的

(1) 掌握沥青混合料密度、体积指标（空隙率、沥青饱和度、矿料间隙率）的计算方法。

(2) 掌握利用表干法测试沥青混合料密度的方法。

(3) 掌握真空法测试沥青混合料最大理论密度的方法。

二、实验设备及器材

(1) 烘箱、静水天平或电子秤、最大理论密度仪。

(2) 恒温水浴、毛巾。

三、实验原理

1. 密度测试

(1) 试件的吸水率计算：$S_a = \dfrac{m_f - m_a}{m_f - m_w} \times 100\%$

式中，S_a 为试件的吸水率，%；m_f 为试件的表干质量，g；m_a 为干燥试件在空气中的质量，g；m_w 为试件的水中质量，g。

(2) 当试件的吸水率小于 2% 时，试件的毛体积相对密度及毛体积密度按下列公式计算：

$$\gamma_f = \frac{m_a}{m_f - m_w}$$

$$\rho_f = \frac{m_a}{m_f - m_w} \times \rho_w$$

式中，γ_f 为试件毛体积相对密度；ρ_f 为试件毛体积密度，g/cm³；ρ_w 为水的密度，约 1g/cm³。

2. 理论最大相对密度测试

(1) 沥青混合料理论最大相对密度按下式进行计算：

$$\gamma_t = \frac{m_a}{m_a - (m_2 - m_1)}$$

式中，γ_t 为沥青混合料理论最大相对密度；m_a 为干燥沥青混合料试样在空气中的质量，g；m_1 为负压容器在 25℃ 水中的质量，g；m_2 为负压容器与沥青混合料一起在 25℃ 水中的质量，g。

（2）沥青混合料 25℃时的理论最大密度按下式计算：

$$\rho_t = \gamma_t \times \rho_w$$

式中，ρ_t 为沥青混合料的理论最大密度，g/cm³；ρ_w 为 25℃ 时水的密度，0.9971g/cm³。

3. 体积指标计算

（1）按下式计算矿料混合料的合成毛体积相对密度 γ_{sb}：

$$\gamma_{sb} = \frac{100}{\dfrac{P_1}{\gamma_1} + \dfrac{P_2}{\gamma_2} + \cdots + \dfrac{P_n}{\gamma_n}}$$

式中，P_1、P_2、$\cdots$、P_n 为各种矿料成分的配比，其和为 100；γ_1、γ_2、$\cdots$、γ_n 为各种矿料相应的毛体积相对密度。

（2）按下式计算矿料混合料的合成表观相对密度 γ_{sa}：

$$\gamma_{sa} = \frac{100}{\dfrac{P_1}{\gamma_1'} + \dfrac{P_2}{\gamma_2'} + \cdots \dfrac{P_n}{\gamma_n'}}$$

（3）按下式计算沥青混合料试件的空隙率 VV、矿料间隙率 VMA、有效沥青饱和度 VFA 等体积指标，取 1 位小数，进行体积组成分析。

$$VV = \left(1 - \frac{\gamma_f}{\gamma_t}\right) \times 100\%,\ VMA = \left(1 - \frac{\gamma_f}{\gamma_{sb}} \times P_s\right) \times 100\%,\ VFA = \frac{VMA - VV}{VMA} \times 100\%$$

式中，VV 为沥青混合料试件的空隙率，%；VMA 为沥青混合料试件的矿料间隙率，%；VFA 为沥青混合料试件的有效沥青饱和度（有效沥青含量占 VMA 的体积比例），%；γ_f 为测定的沥青混合料试件毛体积相对密度；γ_t 为沥青混合料的最大理论相对密度；P_s 为各种矿料占沥青混合料总质量的质量分数之和，即 $P_s = 100 - P_b$，%；γ_{sb} 为矿料合成毛体积相对密度。

四、实验内容和步骤

1. 密度测试

（1）选择适宜的静水天平或电子秤，最大称量应不小于试件质量的 1.25 倍，且不大于试件质量的 5 倍。

（2）除去试件表面的浮粒，称取干燥试件在空气中的质量（m_a），根据选择的天平的感量读数，准确至 0.01g 或 0.1g。

（3）挂上网篮，浸入溢流水箱中，调节水位，将天平调平或复零，把试件置于网篮中（注意不要晃动水），浸入水中约 3~5min，称取水中质量（m_w）。若天平读数持续变化，不能很快达到稳定，说明试件吸水较严重，不适用此法测定，应改用蜡封法测定。

（4）从水中取出试件，用洁净柔软的拧干湿毛巾轻轻擦去试件表面的水（不得吸走空隙内的水），称取试件的表干质量（m_f）。

2. 理论最大相对密度测试

（1）按实验中方法拌制沥青混合料。试样数量不少于如表 43-1 规定数量。

表 43-1　试样数量要求

沥青混合料中集料公称最大粒径/mm	最少试样数量/g	沥青混合料中集料公称最大粒径/mm	最少试样数量/g
37.5	4000	13.2	1500
26.5	2500	9.5	1000
19.0	2000	4.75	500
16.0	1500		

（2）将沥青混合料团块仔细分散，粗集料不破碎，细集料团块分散到小于 6.4mm。若混合料坚硬时可用烘箱适当加热后分散，一般加热温度不超过 60℃，分散试样应用手掰开，不得用锤打碎，防止集料破碎。当试样是从路上采取的非干燥混合料时，应用电风扇吹干至恒重后再操作。

（3）负压容器标定方法。将容器全部浸入（25±0.5）℃的恒温水槽中，称取容器的水中质量（m_1）。然后将负压容器干燥、编号称取其质量。

（4）将沥青混合料试样装入干燥的负压容器中，称容器及沥青混合料总质量，得到试样的净质量 m_a，试样质量应不小于上述规定的最少试样数量。

（5）在负压容器中注入约 25℃的水，将混合料全部浸没。

（6）负压容器与真空泵、真空表连接，开动真空泵，使真空度达到 97.3kPa（730mmHg）持续 15～20min。

（7）强烈振荡负压容器，使水充分搅动混合料，除去剩余的气泡。每隔 2min 晃动若干次，直至不见气泡出现为止。

（8）将负压容器浸入保温至（25±0.5）℃的恒温水槽中，约 10min 后，称取负压容器与沥青混合料的水中质量（m_2）。

五、数据记录及结果计算

将实验结果数据记录在表 43-2、表 43-3 内。

表 43-2　吸水率、密度、毛体积密度、理论最大相对密度的数据记录表

组别	干燥质量 m_a	水中质量 m_w	表干质量 m_f	吸水率 S_a	毛体积相对密度 γ_f	试件毛体积密度 ρ_f	理论最大相对密度 γ_t	25℃理论最大相对密度 ρ_t
I								
II								

表 43-3　沥青混合料体积指标测试数据记录表

组别	VV/%	VMA/%	VFA/%
I			
II			

六、思考题

（1）分析沥青混合料体积指标测试过程中有哪些因素可能影响实验结果。

（2）讨论毛体积相对密度与最大理论相对密度的差异性。

实验44　沥青混合料最佳沥青用量的确定

一、实验目的

（1）掌握沥青混合料最佳沥青用量的确定方法。
（2）掌握沥青混合料马歇尔稳定度测定仪的使用方法。

二、实验设备及器材

马歇尔稳定度测定仪、恒温水浴。

三、实验内容和步骤

（1）将试件置于已达规定温度的恒温水槽中保温，保温时间需 30～40min。试件之间应有间隔，底下应垫起，离容器底部不小于 5cm。

（2）将马歇尔稳定度测定仪的上下压头放入水槽或烘箱中达到同样温度。将上下压头从水槽或烘箱中取出，擦拭干净内面。为使上下压头滑动自如，可在下压头的导棒上涂少量黄油。再将试件取出置于下压头上，盖上上压头，然后装在加载设备上。

（3）在上压头的球座上放妥钢球，并对准荷载测定装置的压头。

（4）将马歇尔稳定度测定仪的压力传感器、位移传感器与计算机或 X-Y 记录仪正确连接，调整好适宜的放大比例。调整好计算机程序或将 X-Y 记录仪的记录笔对准原点。

（5）启动加载设备，使试件承受荷载，加载速度为（50±5）mm/min。计算机或 X-Y 记录仪自动记录传感器压力和试件变形曲线，并将数据自动存入计算机。

（6）当实验荷载达到最大值的瞬间，取下流值计，同时读取压力环中百分表读数及流值计的流值读数。

（7）从恒温水槽中取出试件至测出最大荷载值的时间，不得超过 30s。

四、实验数据处理

（1）以沥青用量或油石比为横坐标，以马歇尔实验测定的各项指标为纵坐标，分别将实验结果布点入图中，连成圆滑的曲线。确定均符合沥青混合料技术标准的沥青用量范围 OAC_{min}～OAC_{max}。选择的沥青用量范围必须涵盖设计空隙率的全部范围，并尽可能涵盖沥青饱和度的要求范围，使密度及稳定度曲线出现峰值。若没有涵盖设计空隙率的全部范围，必须扩大沥青用量范围，重新进行实验。

（2）根据实验曲线的走势，按下列方法确定沥青混合料的最佳沥青用量 OAC_1。
① 如果在所选择的沥青用量范围内能出现密度及稳定度的峰值，但未涵盖沥青饱和度

的要求范围时，宜从图 44-1 中分别求取相应于密度最大值的沥青用量为 a_1、稳定度最大值的沥青用量为 a_2、空隙率要求范围的中值或目标空隙率的沥青用量 a_3，求取三者的平均值作为 OAC_1。

②　如所选择实验的沥青用量同时涵盖沥青饱和度的要求范围时，增加相应于沥青饱和度范围的中值的沥青用量 a_4，并取平均值作为 OAC_1。

③　当所选择实验的沥青用量范围，不能使密度及稳定度曲线出现峰值时，可直接以目标空隙率所对应的沥青用量 a_3 作为 OAC_1，但 OAC_1 必须介于 $OAC_{min} \sim OAC_{max}$ 的范围内，否则应重新进行配合。

（3）以各项指标均符合技术指标标准（不含 VMA）的沥青用量范围 $OAC_{min} \sim OAC_{max}$ 的中值为 OAC_2。

（4）通常情况下取 OAC_1 及 OAC_2 的中值作为计算的最佳沥青用量 OAC。

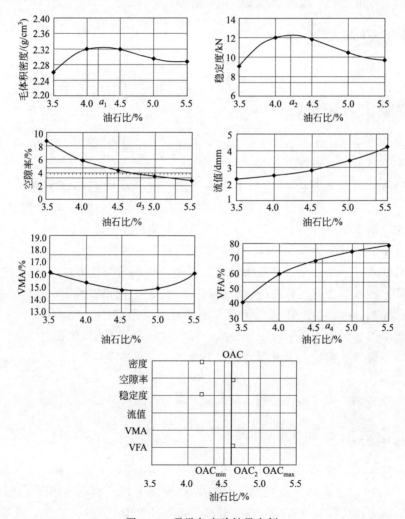

图 44-1　马歇尔实验结果实例

五、数据记录及结果计算

沥青混合料最佳沥青用量数据填于表 44-1 中。

表 44-1　沥青混合料最佳沥青用量数据记录表

组别	OAC_1	OAC_2	OAC
Ⅰ			
Ⅱ			

六、思考题

（1）分析实验过程中有哪些因素可能影响实验结果。

（2）讨论用什么方法检测沥青混合料的高温稳定性。

实验45 水泥胶砂强度的检验

一、实验目的

(1) 掌握水泥胶砂试件的制备方法。

(2) 测试水泥规定龄期的强度，确定水泥的强度等级。

二、实验设备及器材

(1) **实验室**：试体成型实验室的温度应保持在 20℃±2℃，相对湿度应不低于 50%。试体带模养护的养护箱或雾室温度保持在 20℃±1℃，相对湿度不低于 90%。试体养护池水温度应在 20℃±1℃范围内。实验室空气温度和相对湿度及养护池水温在工作期间每天至少记录一次。养护箱或雾室的温度与相对湿度至少每隔 4h 记录一次，在自动控制的情况下记录次数可以酌减至一天记录两次。在温度给定范围内，控制所设定的温度应为此范围的中值。

(2) **胶砂搅拌机**：JJ-5 型水泥胶砂搅拌机，由胶砂搅拌锅和搅拌叶片及相应的机构组成。搅拌锅可以随意挪动，也可以很方便地固定在锅座上，而且搅拌时也不会明显晃动和转动；搅拌叶片呈扇形，搅拌时除顺时针自转外，沿锅周边逆时针公转，并且具有高低两种速度，属行星式搅拌机。

(3) **试模**：由隔板、端板、底板、紧固装置及定位销组成，见图 45-1，可同时成型三条截面为 40mm×40mm，长 160mm 的棱形试体，且可拆卸。在组装备用的干净试模时，应用黄干油等密封材料涂覆模型的外接缝。试模内表面应涂上一薄层模型油或机油。成型操作时，应在试模上面加一个壁高 20mm 的金属模套，当从上往下看时，模套壁与模型内壁应该重叠，超出内壁部分不应大于 1mm。为了控制料层厚度和刮平胶砂，应备有两个播料器和一把金属刮平直尺。

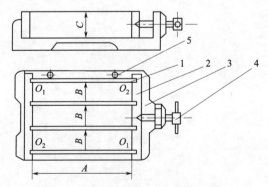

图 45-1 水泥胶砂试模基本结构

1—隔板；2—端板；3—底板；

4—紧固装置；5—定位销

（4）振实台：由台盘和使其跳动的凸轮等组成。台盘上有固定试模用的卡具，并连有两根起稳定作用的臂，凸轮由电机带动，通过控制器控制按一定的要求转动并保证使台盘平稳上升至一定高度后自由下落，其中心恰好与止动器撞击。卡具与模套连成一体，可沿臂杆垂直方向向上转动不小于 100°，基本结构如图 45-2 所示。振实台应安装在高度约 400mm 的混凝土基座上，混凝土体积约为 0.25m³ 时，重约 600kg。需防止外部振动影响振实效果时，可在整个混凝土基座下放一层厚约 5mm 的天然橡胶弹性衬垫。将仪器用地脚螺丝固定在基座上，安装后设备成水平状态，仪器底座与基座之间要铺一层砂浆以保证它们的完全接触。

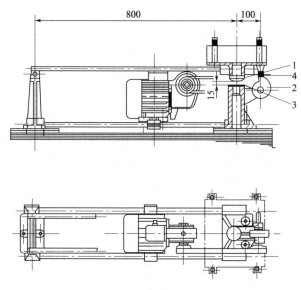

图 45-2　典型的振实台（单位：mm）

1—突头；2—凸轮；

3—止动器；4—随动轮

（5）抗折强度试验机：应符合《水泥胶砂电动抗折试验机》（JC/T 724—2005）的要求。试件在夹具中受力状态如图 45-3。通过三根圆柱轴的三个竖向平面应该平行，并在实验时继续保持平行和等距离垂直试体的方向，其中一根支撑圆柱和加荷圆柱能轻微地倾斜使圆柱与试体完全接触，以便荷载沿试体宽度方向均匀分布，同时不产生任何扭转应力。抗折强度也可用抗压强度试验机来测定，此时应使用符合上述规定的夹具。

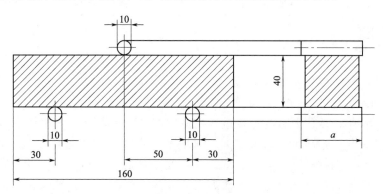

图 45-3　抗折强度测定加荷图（单位：mm）

（6）抗压强度试验机：最大荷载以 200～300kN 为佳，可以有两个以上的荷载范围，其中最低荷载范围的最高值大致为最高范围里最大值的五分之一。抗压夹具由硬质钢材制成，加压板长度为 62.5mm±0.05mm，尺寸为 40mm×40mm，加压面必须磨平，加荷时上下压板互相对准水平位置。

三、实验原理

水泥强度是指水泥试体在单位面积上所能承受的外力，它是水泥的主要性能指标。水泥又是混凝土的重要胶结材料，所以水泥强度也是水泥胶结力的体现，是混凝土强度的主要来源。用不同方法检验，水泥强度值也不同。水泥强度是水泥质量分级标准和水泥标号划分的主要依据。

水泥强度目前按照国家标准 GB/T 17671—1999《水泥胶砂强度检验方法（ISO 法）》进行检验。此标准适用于硅酸盐水泥、普通硅酸盐水泥、矿渣硅酸盐水泥、粉煤灰硅酸盐水泥、复合硅酸盐水泥、石灰石硅酸盐水泥的抗折与抗压强度的检验。

上述标准方法为 40mm×40mm×160mm 棱柱试体的水泥抗压强度和抗折强度测定。试体是由按质量计的一份水泥、三份中国 ISO 标准砂，用 0.5 的水灰比拌制的一组塑性胶砂制成。胶砂用行星搅拌机搅拌，在振实台上成型。试体连模一起在湿气中养护 24h，然后脱模在水中养护至进行强度实验。到实验龄期时将试体从水中取出，先进行抗折强度实验，折断后每截再进行抗压强度实验。

四、实验内容和步骤

1.胶砂的制备

（1）配合比。胶砂的质量配合比应为一份水泥、三份标准砂和半份水（水灰比为 0.5）。一锅胶砂成三条试体，每锅材料需要量如表 45-1。

表 45-1　每锅胶砂的材料需要量　　　　单位：g

水泥品种	水泥	标准砂	水
硅酸盐水泥	450±2	1350±5	225±1
普通硅酸盐水泥			
矿渣硅酸盐水泥			
粉煤灰硅酸盐水泥			
复合硅酸盐水泥			
石灰石硅酸盐水泥			

（2）配料。水泥、砂、水和实验用具的温度与实验室相同，称量用的天平精度应为±1g。当用自动滴管加 225mL 水时，滴管精度应达到±1mL。

（3）搅拌。每锅胶砂用胶砂搅拌机进行机械搅拌。先使搅拌机处于待工作状态，然后按以下的程序进行操作：把水加入锅里，再加入水泥，把锅放在固定架上，上升至固定位置。然后立即开动机器，低速搅拌 30s 后，在第二个 30s 开始的同时均匀地将砂子加入。当各级砂是分装时，从最粗料级开始，依次将所需的每级砂量加完。把机器转至高速再拌 30s。停拌 90s。其间，第 1 个 15s 内用一胶皮刮具将叶片和锅壁上的胶砂刮入锅中间。再在高速下继续搅拌 60s。各个搅拌阶段，时间误差应在±1s 以内。

2. 试件成型

胶砂制备后立即进行成型。将空试模和模套固定在振实台上，用一个适当勺子直接从搅拌锅里将胶砂分两层装入试模。装第一层时，每个槽里约放 300g 胶砂，用大播料器垂直架在模套顶部，沿每个模槽来回一次将料层播平，接着振实 60 次。再装入第二层胶砂，用小播料器播平，再振实 60 次。移走模套，从振实台上取下试模，用一把金属直尺以近似 90°的角度架在试模模顶的一端，然后沿试模长度方向以横向锯割动作慢慢向另一端移动，一次将超过试模部分的胶砂刮去，并用同一直尺在近乎水平的情况下将试体表面抹平。在试模上做标记或加字条标明试件编号和试件相对于振实台的位置。

3. 试件的养护

（1）脱模前的处理和养护。去掉留在模子四周的胶砂，立即将做好标记的试模放入雾室或湿箱的水平架子上养护，湿空气应能与试模各边接触。养护时不应将试模放在其他试模上。一直养护到规定的脱模时间时取出脱模。脱模前，用防水墨汁或颜料笔对试体进行编号和做其他标记。两个龄期以上的试体，在编号时应将同一试模中的三条试体分在两个以上龄期内。

（2）脱模。对于 24h 龄期的试样，应在破型实验前 20min 内脱模。对于 24h 以上龄期的试样，应在成型后 20～24h 之间脱模。脱模应非常小心。如经 24h 养护，会因脱模对强度造成损害时，可以延迟到 24h 以后脱模，但在实验报告中应予说明。已确定作为 24h 龄期实验（或其他不下水直接做的实验）的已脱模试体，应用湿布覆盖至做实验时为止。

（3）水中养护。将做好标记的试件立即水平或竖直放在 20℃±1℃ 水中养护，水平放置时刮平面应朝上。试件放在不易腐烂的篦子上，并彼此间保持一定间距，让水与试件的六个面接触。养护期间试件之间间隔或试体上表面的水深不得小于 5mm。每个养护池只养护同类型的水泥试件。最初用自来水装满养护池（或容器），随后随时加水保持适当的恒定水位，不允许在养护期间全部换水。除 24h 龄期或延迟至 48h 脱模的试体外，任何到龄期的试体应在实验（破型）前 15min 从水中取出。揩去试体表面沉积物，并用湿布覆盖至实验为止。

4. 强度实验

（1）强度实验试体的龄期。试体龄期是从水泥加水搅拌开始算起。不同龄期强度实验在表 45-2 时间里进行。

表 45-2 不同龄期强度的实验时间

龄期/d	1	2	3	7	28
实验时间	24h±15min	48h±30min	72h±45min	7d±2h	28d±8h

（2）抗折强度测定。将试体一个侧面放在实验机支撑圆柱上，试体长轴垂直于支撑圆柱，通过加荷圆柱以 50N/s±10N/s 的速率均匀地将荷载垂直地加在棱柱体相对侧面上，直至折断，并保持两个半截棱柱体处于潮湿状态直至进行抗压实验。抗折强度 R_f 按 $R_f = \dfrac{1.5 F_f L}{b^3}$ 进行计算。式中，R_f 为抗折强度，MPa；F_f 为折断时施加于棱柱体中部的荷载，N；L 为支撑圆柱之间的距离，mm；b 为棱柱体正方形截面的边长，mm。

（3）抗压强度测定。抗折强度实验后的两个断块应立即进行抗压实验，抗压实验必须用抗压夹具进行，实验体受压面为 40mm×40mm。实验时以半截棱柱体的侧面作为受压面，试体的底面靠近夹具定位销，并使夹具对准压力机压板中心。压力机加荷速度应控制在 $2400\mathrm{N/s}\pm200\mathrm{N/s}$，均匀加荷直至破坏。抗压强度 R_c 按 $R_c=\dfrac{F_c}{A}$ 进行计算。式中，R_c 为抗压强度，MPa；F_c 为破坏时的最大荷载，N；A 为受压部分面积，$\mathrm{mm^2}$。

五、数据记录及结果整理

（1）水泥胶砂强度实验记录表见表 45-3。

表 45-3　水泥胶砂强度实验记录表

龄期	3d		7d		28d		强度等级
	抗折强度 /MPa	抗压强度 /MPa	抗折强度 /MPa	抗压强度 /MPa	抗折强度 /MPa	抗压强度 /MPa	
强度数值							

（2）抗折强度的评定。以一组三个棱柱体抗折结果的平均值作为实验结果。当三个强度值中有超出平均值±10%的值时，应剔除后再取平均值作为抗折强度实验结果。

（3）抗压强度的评定。以一组三个棱柱体上得到的六个抗压强度测定值的算术平均值为实验结果。如六个测定值中有一个超出六个平均值的±10%，就应剔除这个结果，而以剩下五个的平均数为结果。如果五个测定值中再有超过它们平均数±10%的，则此组结果作废。

（4）各试体的抗折强度记录精确至 0.1MPa，计算平均值，精确至 0.1MPa。各个半棱柱体得到的单个抗压强度结果计算精确至 0.1MPa，计算平均值，精确至 0.1MPa。

六、思考题

（1）分析影响水泥强度的因素。

（2）实验室的温度和湿度对水泥胶砂强度的实验结果有什么影响？

实验46　水泥胶砂流动度测验

一、实验目的

测定水泥胶砂流动度，比较水泥的需水性。

二、实验设备及器材

（1）胶砂搅拌机：符合 JC/T 681—2005《行星式水泥胶砂搅拌机》的规定。

（2）水泥胶砂流动度测定仪（简称跳桌）：由铸铁机架和跳动部分组成。其转动轴的转速为 60r/min，转动机构能保证胶砂流动度测定仪在（25±1）s 内完成 25 次跳动。

（3）试模：由截锥圆模和模套组成，金属材料制成，内表面加工光滑。圆模尺寸为高度 60mm±0.5mm、上口内径 70mm±0.5mm、下口内径 100mm±0.5mm、下口外径 120mm、模壁厚大于 5mm。

（4）捣棒：金属材料支撑，直径为 20mm±0.5mm，长度约 200mm。捣棒底面与侧面成直角，其下部光滑，上部手柄滚花。

（5）卡尺：量程不小于 300mm，分度值不大于 0.5mm。

（6）小刀：刀口平直，长度大于 80mm。

（7）天平：最大称量不小于 1000g，分度值不大于 1g。

三、实验原理

胶砂流动度是水泥胶砂可塑性的反映。胶砂流动度以胶砂在跳桌上按规定操作进行跳动实验后，底部扩散直径的长度表示，以扩散直径大小表示流动性的好坏。测定水泥胶砂流动度是检验水泥需水性的一种方法。

四、实验步骤

（1）如跳桌在 24h 内未被使用，先空跳测试一个周期（25 次）。

（2）胶砂制备。称取水泥 400g 和标准砂 800g，或按相应标准要求或实验设计确定，并按预定的水灰比计算并量取拌和用水。将水泥和砂装入搅拌锅内，将搅拌锅装到搅拌机的固定架上，并上升到工作状态。开动搅拌机搅拌，并缓缓加入水，25s 内加完，自开动搅拌机起 180s±5s 停机，将粘在叶片上的胶砂刮下，取下搅拌锅。

（3）在制备胶砂的同时，用潮湿棉布擦拭跳桌台面、试模内壁、捣棒以及与胶砂接触的用具，将试模放在跳桌台面中央并用潮湿棉布覆盖。

（4）将拌好的胶砂分两层迅速装入试模，第一层装至截锥圆模高度约三分之二处，用小刀在相互垂直两个方向各划 5 次，用捣棒由边缘至中心均匀捣压 15 次（图 46-1）。随后，装第二层胶砂,装至高出截锥圆模约20mm,用小刀在相互垂直两个方向各划5次,再用捣棒由边缘至中心均匀捣压10次(图46-2)。捣压后胶砂应略高于试模。捣压深度,第一层捣至胶砂高度的二分之一,第二层捣实不超过已捣实底层表面。装胶砂和捣压时,用手扶稳试模,不要使其移动。

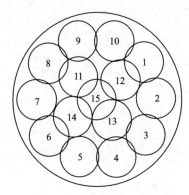
　　图46-1　第一层捣压位置示意图

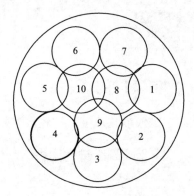
　　图46-2　第二层捣压位置示意图

　　(5)捣压完毕,取下模套,将小刀倾斜,从中间向边缘分两次以接近水平的角度抹去高出截锥圆模的胶砂,并擦去落在桌面上的胶砂。将截锥圆模垂直向上轻轻提起。立刻开动跳桌,以每秒一次的频率,在(25±1)s内完成25次跳动。

　　(6)跳动完毕,用卡尺测量胶砂底面互相垂直的两个方向的直径,计算平均值,取整数,单位为mm,该平均值即为该水量的水泥胶砂流动度。

　　(7)流动度实验,从胶砂加水开始到测量扩散直径结束,应在6min内完成。

五、数据记录及结果整理

水泥胶砂流动度实验记录表见表46-1。

表46-1　水泥胶砂流动度实验记录表

试样编号	试样质量/g	拌和水量/mL	水灰比	扩散直径/mm		水泥胶砂流动度/mm
				1	2	
Ⅰ						
Ⅱ						
Ⅲ						

六、思考题

　　(1)胶砂搅拌结束后,如果没有立即进行流动度测试,流动度随着时间的延长如何变化,为什么?

　　(2)实验时,如果捣压力量过大,对胶砂流动度的测试结果有何影响?

实验47　水泥标准稠度用水量的测定

一、实验目的

（1）了解水泥标准稠度和标准稠度用水量的概念。

（2）掌握水泥标准稠度用水量的测试原理、仪器设备及方法。

二、实验设备及器材

（1）测定水泥标准稠度和凝结时间用维卡仪，如图 47-1 所示。标准稠度试杆由有效长度为 50mm±1mm、直径为 ϕ10mm±0.05mm 的圆柱形耐腐蚀金属制成，滑动部分的总质量为 300g±1g，与试杆联结的滑动杆表面应光滑，能靠重力自由下落，不得有紧涩和旷动现象。盛装水泥净浆的试模由耐腐蚀的、有足够硬度的金属制成。试模为深 40mm±0.2mm、顶内径 ϕ65mm±0.5mm、底内径 ϕ75mm±0.5mm 的截顶圆锥体。每个试模应配备一个边长或直径约 100mm、厚度 4～5mm 的平板玻璃底板或金属底板。

（2）水泥净浆搅拌机。

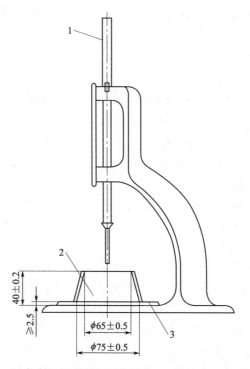

图 47-1　测定水泥标准稠度和凝结时间用维卡仪（单位：mm）

1—滑动杆；2—试模；3—底板

（3）天平：最大称量不小于 1000g，分度值不大于 0.1g。

三、实验原理

水泥净浆标准稠度是为使水泥凝结时间、安定性等的测定具有准确的可比性而规定的，在一定的测试方法下达到统一规定的稠度，达到这种稠度时的用水量即为标准稠度用水量。

水泥标准稠度净浆对标准试杆（或试锥）的沉入具有一定阻力，通过测试不同含水量水泥净浆的穿透性，以确定水泥标准稠度净浆中所需加入的水量。测定水泥标准稠度用水量的方法有调整水量法和不变水量法两种。

调整水量法通过改变拌和水量，找出使拌制成的水泥净浆达到特定塑性状态所需要的水量。当一定质量的标准试杆在水泥净浆中自由下落时，净浆的稠度越大，试杆（锥）下沉的深度（S）越小。当试杆下沉深度达到规定值 $S = 30mm \pm 1mm$ 时，净浆的稠度即为标准稠度。此时 100g 水泥净浆的调整水量即为水泥的标准稠度用水量。

当不同需水量的水泥用固定水灰比的水量拌制净浆时，所得的净浆稠度必然不同，试杆（锥）在净浆中下沉的深度也会不同。根据净浆标准稠度用水量与固定水灰比时试杆（锥）在净浆中下沉深度的相互关系统计公式，用试杆（锥）下沉深度算出水泥标准稠度用水量，这种测试方法称为不变水量法。

四、实验内容和步骤

1. 实验准备

（1）维卡仪的滑动杆能自由滑动。

（2）试模和玻璃底板用湿布擦拭，将试模放在地板上，调整至试杆接触玻璃板时指针对准零点。

（3）搅拌机运转正常。

2. 实验步骤

（1）水泥净浆的拌制。用水泥净浆搅拌机搅拌，搅拌锅和搅拌叶片先用湿布擦过，将拌和水倒入搅拌锅内，然后在 5～10s 内小心将称好的 500g 水泥加入水中，防止水和水泥溅出；拌和时，先将锅放在搅拌机的锅座上，升至搅拌位置，启动搅拌机，低速搅拌 120s，停 15s，同时将叶片和锅壁上的水泥浆刮入锅中间，接着高速搅拌 120s 停机。

（2）标准稠度用水量的测试（标准法）。拌和结束后，立即取适量水泥净浆一次性将其装入已置于玻璃底板上的试模中，浆体超过试模上端，用宽约 25mm 的直边刀轻轻拍打超出试模部分的浆体 5 次，以排除浆体中的孔隙，然后在试模表面约 1/3 处，略倾斜于试模分别向外轻轻锯掉多余净浆，再从试模边沿轻抹顶部一次，使净浆表面光滑。在锯掉多余净浆和抹平的操作过程中，注意不要压实净浆。抹平后迅速将试模和底板移到维卡仪上，并将其中心定在试杆下，降低试杆直至与水泥净浆表面接触，拧紧螺丝 1～2s 后，突然放松，使试杆垂直自由地沉入水泥净浆中。在试杆停止沉入或者释放试杆 30s 时记录试杆距底板之间的距离，升起试杆后，立即擦净。整个操作应在搅拌后 1.5min 内完成。以试杆沉入净浆并距底板 6mm ± 1mm 的水泥净浆为标准稠度净浆，其拌和水量为该水泥的标准稠度用水量（P），按水泥质量分数计。

（3）标准稠度用水量的测试（代用法）。采用代用法测试水泥标准稠度用水量可用调整水量和不变水量两种方法的任意一种测定。采用调整水量法时拌和水量按经验找水，采用不变水量法时拌和水量用 142.5mL。拌和结束后，立即将拌制好的水泥净浆装入锥模中，用宽约 25mm 的直边刀在浆体表面轻轻插捣 5 次，再轻振 5 次，刮去多余的净浆。抹平后迅速放到试锥下面固定的位置上，将试锥降至净浆表面，拧紧螺丝 1～2s 后，突然放松，让试锥垂直自由地沉入水泥净浆中。到试锥停止下沉或释放试锥 30s 时记录试锥下沉深度。整个操作应在搅拌后 1.5min 内完成。用调整水量法测定时，以试锥下沉深度 30mm±1mm 时的净浆为标准稠度净浆。其拌和水量为该水泥的标准稠度用水量（P），按水泥质量分数计。如下沉深度超出范围需另称试样，调整水量，重新实验，直至达到 30mm±1mm 为止。用不变水量法测定时，当试锥下沉深度小于 13mm 时，应改用调整水量法测定。

五、数据记录及结果计算

（1）测试数据记录在表 47-1 中。

表 47-1　水泥标准稠度用水量实验数据记录表

组别	试样质量/g	加水量/mL	试杆(锥)下沉深度 S/mm	水泥标准稠度用水量 P/%
I				
II				

（2）结果计算

① 标准法和调整水量法按 $P=$（拌和水用量/水泥质量）$\times100\%$ 计算，得到标准稠度用水量 P。

② 不变水量法按经验公式 $P=33.4-0.185S$ 计算标准稠度用水量 P。式中，P 为不变水量法水泥标准稠度用水量，%；S 为试锥下沉深度，mm。

经验公式只适用于 P 为 21%～31% 范围内的水泥，对于 P 值超出这个范围的水泥，须采用调整水量法测定。当不变水量法与调整水量法测得的结果有矛盾时，应以调整水量法为准。当代用法与标准法发生争议时，以标准法为准。

六、思考题

（1）测定水泥的标准稠度用水量中应注意哪些事项？

（2）水泥标准稠度用水量对工程施工过程及工程质量有什么重要意义？

实验48 水泥凝结时间测定

一、实验目的

本实验的目的是掌握水泥初凝时间和终凝时间的测试方法。

二、实验设备及器材

（1）测定水泥标准稠度和凝结时间用维卡仪，其中的凝结时间试针如图 48-1 所示。凝结时间试针由钢制成，其有效长度初凝针为 50mm±1mm，终凝针为 30mm±1mm，二者直径均为 $\phi1.13\text{mm}\pm0.05\text{mm}$。

（2）水泥净浆搅拌机。

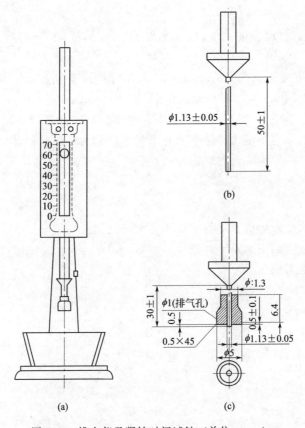

图 48-1　维卡仪及凝结时间试针（单位：mm）

(a) 终凝时间测定用反转试模的前视图；

(b) 初凝用试针；(c) 终凝用试针

（3）水泥标准养护箱：温度为 20℃±1℃，相对湿度不低于 90％。

（4）天平：最大称量不小于 1000g，分度值不大于 0.1g。

三、实验原理

水泥凝结时间用净浆标准稠度与凝结时间测定仪测定。当试针在不同凝结程度的标准稠度净浆中自由沉落时，试针下沉的深度随凝结程度的提高而减小。根据试针下沉的深度就可判断水泥的初凝和终凝状态，从而确定初凝时间和终凝时间。

四、实验内容和步骤

（1）调整凝结时间测定仪的试针接触玻璃板时指针对准零点。

（2）试件的制备。以标准稠度用水量制成标准稠度净浆，一次装满试模和刮平后，立即放入水泥标准养护箱中，记录水泥全部加入水中的时间作为凝结时间的起始时间。

（3）初凝时间的测定。试件在标准养护箱中养护至加水后 30min 时进行第一次测定。测定时，从标准养护箱中取出试模放到试针下，降低试针与水泥净浆表面接触。拧紧螺丝 1～2s 后，突然放松，试针垂直自由地沉入水泥净浆。观察试针停止下沉或释放试针 30s 时指针的读数。邻近初凝时间时每隔 5min（或更短时间）测定一次，当试针沉至距底板 4mm±1mm 时，为水泥达到初凝状态。由水泥全部加入水中至初凝状态的时间为水泥的初凝时间，单位为 min。

（4）终凝时间的测定。为了准确观测试针沉入的状况，在终凝针上安装了一个环形附件，见图 48-1(c)。在完成初凝时间的测定后，立即将试模连同浆体以平移的方式从底板上取下，翻转 180°，直径大端向上，小端向下放在底板上，再放入标准养护箱中继续养护，临近终凝时间时每隔 15min（或更短时间）测定一次，当试针沉入试体 0.5mm 时，即环形附件开始不能在试体上留下痕迹时，为水泥达到终凝状态。由水泥全部加入水中至终凝状态的时间为水泥的终凝时间，单位为 min。

五、注意事项

在最初测定的操作时应轻轻扶持金属柱，使其徐徐下降，以防试针撞弯，但结果以自由下落为准；在整个测试过程中试针沉入的位置至少要距试模内壁 10mm。临近初凝时，每隔 5min（或更短时间）测定一次，临近终凝时每隔 15min（或更短时间）测定一次。到达初凝时应立即重复测一次，当两次结论相同时才能确定到达初凝状态。到达终凝时，需要在试体另外两个不同点测试，确认结论相同才能确定到达终凝状态。每次测定不能让试针落入原针孔，每次测试完毕须将试针擦净并将试模放回标准养护箱内，整个测试过程要防止试模受振。

六、数据记录及处理

水泥凝结时间记录在表 48-1 中。

表 48-1 水泥凝结时间记录表

组别	水泥全部加入水中的时间/min	初凝			终凝		
		试针沉入距底板的高度/mm	出现初凝现象的时间/h:min	初凝时间/min	试针沉入深度/mm	出现终凝现象的时间/h:min	终凝时间/min
I							
II							

七、思考题

(1) 养护温度和养护湿度对水泥凝结时间的测试结果有什么影响？

(2) 水泥凝结时间对工程施工过程及工程质量有什么重要意义？

实验49 水泥安定性测定

一、实验目的

本实验的目的是进一步了解水泥安定性的概念，学习水泥安定性的测试方法。

二、实验仪器与设备

（1）雷氏夹：由铜质材料制成，其结构如图 49-1。当一根指针的根部先悬挂在一根金属丝或尼龙丝上，另一根指针的根部再挂上 300g 的砝码时，两根指针针尖的距离增加应在 17.5mm±2.5mm 范围内，即 $2x=17.5mm±2.5mm$（见图 49-2），当去掉砝码后针尖的距离能恢复至挂砝码前的状态。

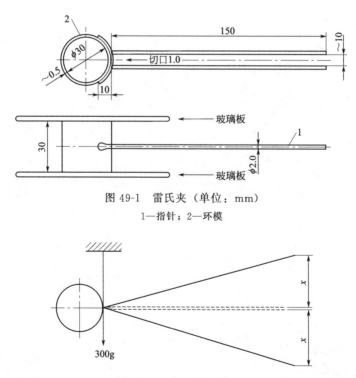

图 49-1　雷氏夹（单位：mm）

1—指针；2—环模

图 49-2　雷氏夹受力示意图

（2）沸煮箱：由箱体、电热管和控制器等组成，其箱体结构如图 49-3 所示。沸煮箱材料由不锈钢制成，箱体内部尺寸为长 410mm±3mm、宽 240mm±3mm、高 310mm±3mm。沸煮箱箱体底部配有两根功率不同的电热管，小功率电热管的功率为 900～1100W，两根电热管的总功率为 3600～4400W。电热管距箱底的净距离为 20～30mm。沸煮箱控制器具有自动控制和手动控制两种功能。自动控制能在 30min±5min 内将箱中实验用水从 20℃±2℃加热至沸腾状态并保持 180min±5min 后自动停止，整个实验过程不需补充水量。手动控制可在任意情况下关闭或开启大功率电热管。沸煮箱内配有雷氏夹试件架和试饼架两种。

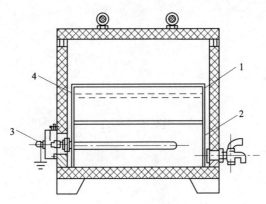

图 49-3　沸煮箱箱体结构

1—试件架；2—箱体；3—电热管；4—加水线

（3）雷氏夹膨胀测定仪，如图 49-4 所示，标尺最小刻度为 0.5mm。

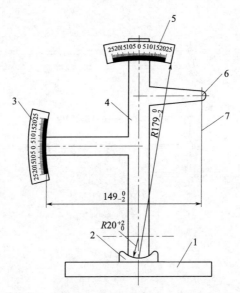

图 49-4　雷氏夹膨胀测定仪（单位：mm）

1—底座；2—模子座；3—测弹性标尺；

4—立柱；5—测膨胀值标尺；6—悬臂；7—悬丝

（4）水泥净浆搅拌机。

（5）水泥标准养护箱：温度为 20℃±1℃，相对湿度不低于 90%。

（6）天平：最大称量不小于 1000g，分度值不大于 0.1g。

三、实验原理

水泥水化硬化后体积变化的均匀性称为水泥安定性，即水泥加水后，逐渐水化硬化，水泥硬化浆体能保持一定形状,不开裂、不变形、不溃散的性质。一般来说,除了膨胀水泥这一类水泥在凝结硬化过程中体积稍有膨胀外,大多数水泥在此过程中体积均稍有收缩,但这些膨胀和收缩都是硬化之前完成的,因此水泥石(包括砂浆和混凝土)的体积变化均匀,即安定性良好。若水泥中某些成分的化学反应不在硬化前完成而在硬化后发生,并伴随有体积变化,这时便会使已经硬化的水泥石内部产生有害的内应力,如果这种内应力大到足以使水泥石的强度明显降低,甚至溃裂导致水泥制品破坏时,即是水泥安定性不良。

导致水泥安定性不良的原因一般是熟料中 f-CaO、结晶氧化镁或水泥中掺入过多石膏等。其中,f-CaO 是一种最常见、影响也最严重的因素。死烧状态的 f-CaO 水化速度很慢,在硬化的水泥石中继续与 H_2O 反应生成六方板状的 $Ca(OH)_2$ 晶体,体积增大近一倍,产生膨胀应力,以致破坏水泥石。其次是结晶氧化镁,它的水化速度更慢,水化生成 $Mg(OH)_2$ 时体积膨胀 148%。但急冷的熟料中方镁石结晶细小,对安定性影响不大。第三是水泥中 SO_3 含量过高,即石膏掺量过多,多余的 SO_3 在水泥硬化后继续与 H_2O 和 C_3A 反应生成钙矾石,体积膨胀,产生膨胀应力而影响水泥的安定性。

不同原因引起的水泥安定性不良,必须采用不同的实验方法检验。f-CaO 由于水化相对较快,只需加热到 100℃ 即可在短时间内判断是否会引起水泥安定性不良,因此采用沸煮法检验。结晶氧化镁由于水化很慢,即使加热到 100℃ 也不能判断,必须采用高温高压(215.7℃,2.0MPa)才能在短时间内得出结论,因此需要采用压蒸法检验。由于水泥中 MgO 的来源不全是结晶氧化镁,而且结晶氧化镁的危害程度还与其结晶颗粒大小等因素有关,实验证明只要水泥中的含量低于一定值时,可以确保其无害,不必进行压蒸安定性检验。而对于 SO_3 所引起的安定性不良,大量的实验证明只要控制水泥中 SO_3 含量不大于 3.5%(矿渣水泥不大于 4.0%),水泥就不会由于 SO_3 的存在而出现安定性不良。如果要判断 SO_3 含量高是否会造成水泥安定性不良,由于钙矾石在高温下会分解,因此必须采用水浸法(20℃水中浸 6d)进行检验。

本实验介绍由 f-CaO 造成的安定性不良的测试方法,包括雷氏法和试饼法两种方法。雷氏法是通过测定水泥标准稠度净浆在雷氏夹中沸煮后试针的相对位移表征其体积膨胀的程度。试饼法是通过观测水泥标准稠度净浆试饼煮沸后的外形变化情况表征其安定性。

四、实验内容和步骤

1. 雷氏法(标准法)

(1)实验前准备工作。每个试样需成型两个试件,每个雷氏夹需配备两个边长或直径约 80mm、厚度 4~5mm 的玻璃板,凡与水泥净浆接触的玻璃板和雷氏夹内表面都要稍稍涂上一层油(有些油会影响凝结时间,矿物油比较合适)。

(2)雷氏夹试件的成型。将预先准备好的雷氏夹放在已稍擦油的玻璃板上,并立即将已制好的标准稠度净浆一次装满雷氏夹,装浆时一只手轻轻扶持雷氏夹,另一只手用宽约 25mm 的直边刀在浆体表面轻轻插捣 3 次,然后抹平,盖上稍涂油的玻璃板,接着立即将试件移至标准养护箱内养护 24h±2h。

(3)沸煮。调整好沸煮箱内的水位,使水能保证在整个沸煮过程中都超过试件,不需中途添补实验用水,同时又能保证在 30min±5min 内升温至沸腾。脱去玻璃板取下试件,先测量雷氏夹指针尖端间的距离(A),精确到 0.5mm,接着将试件放入沸煮箱水中的试件架上，指针朝上，然后在30min±5min内加热至沸腾并恒沸180min±5min。

（4）结果判别。沸煮结束后，立即放掉沸煮箱中的热水，打开箱盖，待箱体冷却至室温，取出试件进行判别。测量雷氏夹指针尖端的距离（C），精确至0.5mm，当两个试件煮后增加距离（C－A）的平均值不大于5.0mm时，即认为水泥安定性合格。当两个试件煮后增加距离（C－A）的平均值大于5.0mm时，应用同一样品立即重做一次实验，以复检结果为准。

（5）注意事项。雷氏夹使用前需用雷氏夹膨胀仪标定合格后方可使用。

2. 试饼法（代用法）

（1）实验前准备。每个样品需准备两块边长约100mm的玻璃板，凡与水泥净浆接触的玻璃板都要稍稍涂上一层油。

（2）试饼的成型方法。将制好的标准稠度净浆取出一部分分成两等份，使之成球形，放在预先准备好的玻璃板上，轻轻振动玻璃板并用湿布擦过的小刀由边缘向中央抹，做成直径70~80mm、中心厚约10mm、边缘渐薄、表面光滑的试饼，接着将试饼放入标准养护箱内养护24h±2h。

（3）沸煮。调整好沸煮箱内的水位，使水能保证在整个沸煮过程中都超过试件，不需中途添补实验用水，同时又能保证在30min±5min内升至沸腾。脱去玻璃板取下试饼，在试饼无缺陷的情况下将试饼放在沸煮箱水中的箅板上，在30min±5min内加热至沸腾并恒沸180min±5min。

（4）结果判别。沸煮结束后，立即放掉沸煮箱中的热水，打开箱盖，待箱体冷却至室温，取出试件进行判别。目测试饼未发现裂缝，用钢直尺检查也没有弯曲（使钢直尺和试饼底部紧靠，以两者间不透光为不弯曲）的试饼为安定性合格，反之为不合格。

五、实验记录及结果整理

水泥安定性实验数据记录表见表49-1。

表 49-1　水泥安定性实验记录表

组别	实验前雷氏夹针尖间距 A/mm	实验后雷氏夹针尖间距 C/mm	增加距离 $C-A$/mm	
			单值	平均值
I				
II				
水泥安定性结果判定				

六、思考题

（1）分析影响水泥安定性的因素。

（2）安定性不合格的水泥，堆放一定时间后可以合格，为什么？

实验50 混凝土拌合物和易性实验

混凝土和易性又称为工作性，是指混凝土拌合物易于施工操作（拌和、运输、浇灌、捣实），并能获得质量均匀、成型密实的混凝土的性能。和易性是一项综合的技术性质，包括流动性、黏聚性和保水性三方面的含义。

一、实验目的

掌握用坍落度法测试混凝土和易性的方法，测试混凝土拌合物的流动性，并评价黏聚性和保水性。

二、实验设备及器材

（1）坍落度筒：如图50-1所示，为薄钢板制成的截头圆锥筒，其内壁应光滑、无凸凹部位。底面和顶面应互相平行并与锥体的轴线垂直。在坍落度筒外2/3高度处安两个子把，下部应焊脚踏板。筒的内部尺寸为：底部内径（200±1）mm，顶部内径（100±1）mm，高度（300±1）mm，筒壁厚度不应小于1.5mm。

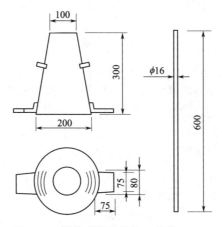

图50-1　坍落度筒及捣棒（单位：mm）

（2）金属捣棒：如图50-1所示，直径16mm，长600mm，端部为弹头形。

（3）铁板：尺寸1500mm×1500mm，厚度3～5mm，表面平整，其最大挠度不应大于3mm。

（4）钢尺和直尺：300～500mm，最小刻度1mm。

（5）小铁铲、抹刀等。

三、实验原理

混凝土的和易性主要与用水量、水泥浆量、砂浆量等有关。用水量、水泥浆量或砂浆量比较大时，混凝土的流动性提高。本实验方法适用于骨料最大公称粒径不大于 40mm、坍落度不小于 10mm 的混凝土拌合物和易性的测定。

四、实验步骤

（1）混凝土拌合物制备。

① 混凝土拌合物应采用搅拌机搅拌，搅拌前应将搅拌机冲洗干净，并预拌少量同种混凝土拌合物或水胶比相同的砂浆，搅拌机内壁挂浆后将剩余料卸出。

② 称好的粗骨料、胶凝材料、细集料和拌和水依次加入搅拌机，难溶和不溶的粉状外加剂宜与胶凝材料同时加入搅拌机，液体和可溶外加剂宜与拌和水同时加入搅拌机。

③ 混凝土拌合物宜搅拌 2min 以上，直至搅拌均匀。

④ 混凝土拌合物一次搅拌量不宜少于搅拌机公称容量的 1/4，不应大于搅拌机公称容量，且不应少于 20L。

⑤ 实验室搅拌混凝土时，材料用量应以质量计。骨料精度应为 $\pm 0.5\%$，水泥、掺合料、水、外加剂的称量精度均应为 $\pm 0.2\%$。

（2）用水润湿坍落度筒及其他用具，并把坍落度筒放在已准备好的铁板上，用脚踩住两边的脚踏板，使坍落度筒在装料时保持在固定位置。

（3）混凝土拌合物试样分三层均匀的装入坍落度筒内，每装一层混凝土拌合物，应用捣棒由边缘到中心按螺旋形均匀插捣 25 次，捣实后每层混凝土拌合物试样高度约为筒高的三分之一。插捣底层时，捣棒应贯穿整个深度，插捣第二层和顶层时，捣棒应插透本层至下一层的表面。顶层混凝土拌合物装料应高出筒口，在插捣过程中，混凝土拌合物低于筒口时，应随时添加。顶层插捣完后，取下装料漏斗，应将多余混凝土拌合物刮去，并沿筒口抹平。

（4）清除筒边底板上的混凝土后，垂直平稳地提起坍落度筒，并轻放于试样旁边。当试样不再继续坍落或坍落时间达 30s 时，用钢尺测量出筒高与坍落后混凝土试样最高点之间的高度差，作为该混凝土拌合物的坍落度值。坍落度筒的提离过程宜控制在 3～7s。从开始装料到提坍落度筒的整个过程应连续进行，并应在 150s 内完成。

（5）将坍落度筒提起后，混凝土发生一边崩坍或剪坏现象时，应重新取样另行测定。第二次实验仍出现一边崩坍或剪坏现象时，则表示该混凝土拌合物和易性不好，应予记录说明。混凝土拌合物坍落度值测量应精确至 1mm，结果应修约至 5mm。

（6）观察坍落后的混凝土试件的黏聚性和保水性。黏聚性的检查方法是用捣棒在已坍落的混凝土锥体侧面轻轻敲击，此时如果锥体逐渐下沉，则表示该混凝土黏聚性良好；如果锥体倒塌、部分崩裂或出现离析现象，则表示黏聚性不好。保水性以混凝土拌合物中稀浆析出的程度来评定，坍落度筒提起后如有较多的稀浆从底部析出，锥体部分的混凝土因为析浆而明显露出骨料，则表明该混凝土拌合物的保水性能不好；如坍落度筒提起后无稀浆或只有少量稀浆自底部析出，则表示该混凝土拌合物保水性良好。

五、数据记录及处理

记录混凝土拌合物的坍落度值。混凝土拌合物坍落度以 mm 为单位，结果精确至 5mm。

六、思考题

（1）混凝土拌合物的和易性主要与混凝土配合比的哪些因素有关？

（2）测定混凝土拌合物坍落度时，整个过程为什么有时间控制？

实验51 混凝土拌合物湿表观密度实验

一、实验目的

测定混凝土拌合物捣实后的单位体积质量,以供核实混凝土配合比计算中的材料用量。通过本实验让学生掌握混凝土湿表观密度测试的方法。

二、实验设备及器材

(1) 容量筒:金属制圆筒,当骨料最大粒径不超过 40mm 时,采用容量为 5L 的容量筒,其内径与筒高均为 (186±2) mm,壁厚 3mm;当骨料最大粒径超过 40mm 时,容量筒的内径与筒高应大于骨料最大粒径的 4 倍。容量筒内壁及上缘应光滑平整,顶面与底面应平行,并与圆柱体轴向垂直。

(2) 台秤:称量 50kg,感量 10g。

(3) 振动台:频率为 (50±3)Hz,空载振幅为 (0.5±0.1)mm。

(4) 捣棒:直径 16mm、长 600mm 的钢棒,端部应磨圆。

(5) 小铲、抹刀、刮尺等。

三、实验原理

将拌制好的混凝土装入已知容积和质量的容器内,按规定方法捣实。称取容器和混凝土的总质量,可以得出混凝土的体积和质量,从而求出混凝土的湿表观密度。

四、实验内容和步骤

(1) 测定容量筒的容积。

① 将干净容量筒与玻璃板一起称重。

② 将容量筒装满水,缓慢将玻璃板从筒口一侧推到另一侧,容量筒内应满水且不应存在气泡,擦干容量筒外壁,再次称重。

③ 两次称重结果之差除以该温度下水的密度应为容量筒容积 V。常温下水的密度可以取 1kg/L。

(2) 将容量筒内外壁擦干净,称出容量筒质量 m_1,精确至 10g。

(3) 混凝土拌合物试样按下列要求进行装料,并插捣密实。

① 坍落度不大于 90mm 时,混凝土拌合物宜用振动台振实。振动台振实时,应一次性将混凝土拌合物装填至高出容量筒筒口。装料时可用捣棒稍加插捣,振动过程中混凝土低于筒口,应随时添加混凝土,振动直至表面出浆为止。

② 坍落度大于 90mm 时,混凝土拌合物宜用捣棒插捣密实。用 5L 容量筒,将混凝土拌

合物分两层装入，每层插捣 25 次。各次插捣应由边缘向中心均匀地插捣，插捣底层时捣棒应贯穿整个深度，插捣第二层时，捣棒应插透本层至下一层的表面。每一层捣完后用橡皮锤沿容量筒外壁敲击 5～10 次，进行振实，直至混凝土拌合物表面插捣孔消失并不见大气泡为止。

（4）将筒口多余的混凝土拌合物刮去，表面有凹陷应填平。将容量筒外壁擦净，称出混凝土拌合物试样与容量筒总质量 m_2，精确至 10g。

五、数据记录及处理

（1）混凝土拌合物湿表观密度实验记录表见表 51-1。

表 51-1　混凝土拌合物湿表观密度实验记录表

玻璃板+容量筒总质量/kg	玻璃板+容量筒+水总质量/kg	容量筒容积 V/L	容量筒质量 m_1/kg	容量筒及试样总质量 m_2/kg	混凝土拌合物湿表观密度 ρ/(kg/m³)

（2）混凝土拌合物的湿表观密度按 $\rho = \dfrac{m_2 - m_1}{V} \times 1000\%$ 计算，精确至 10kg/m^3。式中，ρ 为混凝土拌合物湿表观密度，kg/m^3；m_1 为容量筒的质量，kg；m_2 为试样和容量筒的总质量，kg；V 为容量筒容积，L。

六、思考题

（1）影响混凝土湿表观密度的主要因素有哪些？
（2）坍落度不大于 90mm 的混凝土拌合物如果不用振实台振实，对测试结果有什么影响？

实验52 混凝土立方体抗压强度实验

一、实验目的

掌握混凝土立方体试件制作和强度测试方法,测定混凝土抗压强度,确定混凝土的强度等级,评定混凝土质量。

二、实验设备及器材

(1) 压力试验机:试验机的精度(示值的相对误差)至少应为±2%,其量程应能使试件的预期破坏荷载不小于全量程的20%,也不大于全量程的80%。试验机应按计量仪表使用规定进行定期检查,以确保试验机工作的准确性。

(2) 振动台:振动频率为(50±3)Hz,空载振幅约为(0.5±0.1)mm。

(3) 试模:试模由铸铁或钢制成,应具有足够的刚度并拆装方便。试模内表面应机械加工,其不平度应为每100mm不超过0.05mm,组装后各相邻面不垂直度应不超过±0.5°。

(4) 捣棒、小铁铲、金属直尺、抹刀等。

三、实验原理

按规定方法制作立方体试件,养护到一定龄期后,在压力试验机上进行抗压强度实验,测试试件所能承受的最大荷载,即可计算出试件的抗压强度。

四、实验内容和步骤

(1) 试件的制备。立方体抗压强度实验以同时制作、同时养护、同一龄期的三个试件为一组进行,每组试件所用的混凝土拌合物应由同一次拌和成的拌合物中取出,取样后应立即制作试件。试件尺寸按骨料最大粒径选用,参照表52-1。制作前应将试模涂上一层脱模剂。坍落度不大于70mm的混凝土宜用振动台振实。将拌合物一次装入试模,装料时应用抹刀沿试模内壁略加插捣并使混凝土拌合物高出试模上口。振动时应防止试模在振动台上自由跳动。振动至拌合物表面出现水泥浆为止,记录振动时间。振动结束时刮去多余的混凝土,并用抹刀抹平。坍落度大于70mm的混凝土宜用捣棒人工捣实。将拌合物分两次装入试模,每次厚度大致相等。插捣时应按螺旋方向从边缘向中心均匀进行。插捣底层时,捣棒应达到试模底面,插捣上层时,捣棒应穿入下层深度20~30mm。插捣时捣棒应保持垂直,不得倾斜。同时用抹刀沿试模内壁略加插捣并使混凝土拌合物高出试模上口。每层的插捣次数应根据试件的截面而定,一般每100cm² 截面积不应少于12次,见表52-1。插捣完毕后,刮去多余的混凝土,并用抹刀抹平。

表 52-1　不同骨料最大粒径选用的试件尺寸、每层的插捣次数及抗压强度换算系数

试件尺寸	骨料最大粒径/mm	每层的插捣次数/次	抗压强度换算系数
100mm×100mm×100mm	30	12	0.95
150mm×150mm×150mm	40	25	1.00
200mm×200mm×200mm	60	50	1.05

（2）试件养护。采用标准养护的试件成型后，应用湿布覆盖表面，以防止水分蒸发，并应在温度为（20±5）℃的情况下静止 24～48h，然后编号拆模。拆模后的试件应立即放在温度为（20±2）℃、湿度为 90% 以上的标准养护室中养护。在标准养护室内试件应放在架上，彼此间隔为 10～20mm，并应避免用水直接冲淋试件。无标准养护室时，混凝土试件可在温度为（20±2）℃的不流动水中养护，水的 pH 值不应小于 7。同条件自然养护的试件成型后应覆盖表面。试件的拆模时间可与实际构件的拆模时间相同，拆模后，试件仍需保持同条件养护。标准养护龄期为 28d（从搅拌加水开始计时）。

（3）抗压强度实验。试件自养护地点取出后，应尽快进行实验，以免试件内部的温度发生显著变化。先将试件擦干净，测量尺寸（精确至 1mm），据此计算试件的承压面积，并检查其外观。如实测尺寸与公称尺寸之差不超过 1mm，可按公称尺寸计算承压面积。试件承压面的不平度应为每 100mm 不超过 0.05mm，承压面与相邻面的不垂直度不应超过 ±1°。将试件安放在下承压板上，试件的承压面与成型时的顶面垂直，试件的中心应与试验机的下压板中心对准。当混凝土强度等级等于或高于 C60 时，试件周围应设防崩裂网罩。开动试验机，当上压板与试件接近时，调整球座，使接触均衡。混凝土抗压强度实验应连续均匀加荷，加荷速度应为：混凝土强度等级低于 C30 时，取 0.3MPa/s～0.5MPa/s；混凝土强度等级等于或高于 C30 且低于 C60 时，取 0.5MPa/s～0.8MPa/s；混凝土强度等级等于或高于 C60 时，取 0.8MPa/s～1.0MPa/s。当试件接近破坏而开始变形时，停止调整试验机油门，直至试件破坏。记录破坏荷载。

五、数据记录及处理

（1）混凝土立方体抗压强度实验记录表见表 52-2。

表 52-2　混凝土立方体抗压强度实验记录表

试件编号	制件日期	实验日期	龄期/d	试件尺寸/mm			受压面积 A/mm²	极限荷载 P/N	抗压强度 R'/MPa	换算系数 K	折算标准试件抗压强度 R/MPa	
				长 a	宽 b	高 h					单值	平均值

（2）混凝土立方体抗压强度：$R' = \dfrac{P}{A}$，精确至 0.1MPa。式中，R' 为混凝土抗压强度，MPa；P 为试件破坏极限荷载，N；A 为受压面积，mm²。

（3）强度值的确定应符合下列规定。

① 三个试件测量值的算术平均值作为该组试件的强度值（精确至 0.1MPa）。

② 三个测量值中的最大值或最小值中，如有一个与中间值的差值超过中间值的15%时，则把最大及最小值一并舍去，取中间值作为该组试件的抗压强度值。

③ 如最大值和最小值与中间值的差均超过中间值的15%，则该组试件的实验结果无效。

④ 混凝土强度等级小于C60时，用非标准试件测得的强度值均应乘以尺寸换算系数，其值见表52-1。当混凝土强度等级大于等于C60时，宜采用标准试件，使用非标准试件时，尺寸换算系数应由实验确定。

六、思考题

（1）影响混凝土立方体抗压强度的因素有哪些？

（2）测试混凝土立方体抗压强度实验过程中，应注意哪些事项？

实验53 水泥比表面积的测定——勃氏法

一、实验目的

本实验的目的是掌握勃氏法测试比表面积的方法，利用实验结果正确计算水泥试样的比表面积。

二、实验设备及器材

(1) 手动勃氏比表面积透气仪：由透气圆筒、穿孔板、捣器、U形管压力计、抽气装置等组成，部分装置如图53-1所示。测试时先使试样粉体形成空隙率一定的粉体层，然后抽真空，使U形管压力计右边的液柱上升到一定的高度。关闭活塞后，外部空气通过粉体层使U形管压力计右边的液柱下降，测出液柱下降一定高度（即透过的空气容积一定）所需的时间，即可求出粉体试样的比表面积。

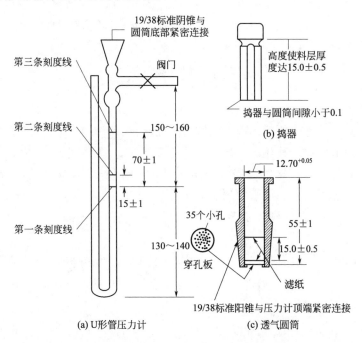

图 53-1　U形管压力计、捣器和透气圆筒的结构及
部分尺寸示意图（单位：mm）

(2) 烘干箱：控制温度灵敏度±1℃。

(3) 分析天平：分度值为0.001g。

(4) 秒表：精确至0.5s。

（5）压力计液体：采用带有颜色的蒸馏水或直接采用无色蒸馏水。

（6）滤纸：采用符合国家标准的中速定量滤纸。

（7）汞：分析纯。

（8）基准材料：采用国家水泥质量监督检验中心制备的标准试样。

三、实验原理

单位质量的水泥粉末所具有的总表面积为水泥比表面积，单位以 cm^2/g 或 m^2/kg 来表示。本实验方法主要是根据一定量的空气通过具有一定空隙率和固定厚度的水泥层时，所受阻力不同而引起流速的变化来测定水泥的比表面积。在一定空隙率的水泥层中，空隙的大小和数量是颗粒尺寸的函数，同时也决定了通过料层的气流速度。水泥颗粒越细，颗粒间的空隙率相对越小，空气透过固定厚度的水泥层所受阻力越大，所需要的时间越长，测定的比表面积越大；反之颗粒越粗，测定的比表面积越小。

四、实验内容和步骤

1. 仪器校准

（1）密封性检查。U形管压力计内装水至第一条刻度线，用橡皮塞将透气圆筒上口塞紧，将透气圆筒外涂上凡士林（或其他活塞油脂）后插入U形管压力计锥形磨口。把阀门处也涂些凡士林（注意不要堵塞通气孔），打开抽气装置抽水超过第三条刻度线后关闭阀门，观察压力计内液面，在3min内不下降，表明仪器的密封性良好。如发现漏气，可用凡士林或活塞油脂加以密封。

（2）空隙率（ε）的确定。PⅠ、PⅡ型水泥的空隙率采用0.500±0.005，其他水泥或粉料的空隙率选用0.530±0.005。

（3）试料层体积（V）的测定。用水银排代法标定圆筒的试料层体积。将穿孔板平放入圆筒内，再放入两片滤纸。然后用汞注满圆筒，用玻璃片挤压圆筒上口多余的汞，使汞面与圆筒上口齐平，倒出汞称量其质量（P_1），精确至0.05g。然后取出一片滤纸，在圆筒内加入适量的试样。再盖上一片滤纸后用捣器压实至试料层规定高度。取出捣器，用汞注满圆筒，同样用玻璃片挤压平后，将汞倒出称量其质量（P_2），圆筒试料层体积按式(53-1)计算。试料层体积要重复测定两遍，取平均值，计算精确至0.001cm^3。

$$V=(P_1-P_2)/\rho_汞 \tag{53-1}$$

式中，V 为透气圆筒的试料层体积，cm^3；P_1 为未装试样时，充满圆筒的汞质量，g；P_2 为装试样后，充满圆筒的汞质量，g；$\rho_汞$ 为实验温度下汞的密度，g/cm^3。

2. 试样制备

（1）水泥样品先通过0.9mm方孔筛，再在105℃±5℃下烘干1h，并在干燥器中冷却至室温，测定水泥的密度（ρ）。

（2）确定试样量，按照式(53-2)计算。

$$m=\rho V(1-\varepsilon) \tag{53-2}$$

式中，m 为需要的试样量，g；ρ 为试样密度，g/cm^3；V 为试料层体积，cm^3；ε 为试料层空隙率。

（3）试料层制备。将穿孔板放入透气圆筒的凸缘上，用捣棒把一片滤纸放到穿孔板上，边缘放平并压紧。称取按式(53-2)确定的试样量，精确到 0.001g，倒入圆筒。轻敲圆筒的边，使水泥层表面平坦。再放入一片滤纸，用捣器均匀捣实试料直至捣器的支持环与圆筒顶边接触，并旋转 1~2 圈，慢慢取出捣器。穿孔板上的滤纸为 Φ12.6mm 边缘光滑的圆形滤纸片，每次测定需用新的滤纸片。

3. 透气实验

（1）把装有试料层的透气圆筒下锥面涂一薄层活塞油脂，然后把它插入压力计顶端锥形磨口处，旋转 1~2 圈，要保证紧密连接不致漏气，并不振动所制备的试料层。

（2）打开微型电磁泵慢慢从压力计一臂中抽出空气，直到压力计内液面上升到扩大部下端时关闭阀门。当压力计内液体的凹液面下降到第一条刻度线时开始计时，当液体的凹液面下降到第二条刻度线时停止计时，记录液面从第一条刻度线到第二条刻度线所需的时间，以 s 记录，并记下实验时的温度（℃）。每次透气实验应重新制备试料层。

五、数据记录及处理

（1）水泥比表面积实验数据记录表见表 53-1。

表 53-1　水泥比表面积实验数据记录表

校准温度 /℃	实验组别		密度 /(g/cm³)	试料层中空隙率	压力计中液面降落时间/s	比表面积 /(cm²/g)	比表面积平均值 /(cm²/g)
实验温度/℃	标准样						
	实验样	I					
		II					

（2）当被测试样的密度、试料层中空隙率与标准样品相同，实验时的温度与校准温度之差≤3℃时，分别按式(53-3a) 和 (53-3b) 计算。

$$S=\frac{S_{\rm S}\sqrt{T}}{\sqrt{T_{\rm S}}} \tag{53-3a}$$

$$S=\frac{S_{\rm S}\sqrt{\eta_{\rm S}}\sqrt{T}}{\sqrt{\eta}\sqrt{T_{\rm S}}} \tag{53-3b}$$

式中，S 为被测试样的比表面积，cm²/g；$S_{\rm S}$ 为标准样品的比表面积，cm²/g；T 为被测试样实验时，压力计中液面降落测定的时间，s；$T_{\rm S}$ 为标准样品实验时，压力计中液面降落测定的时间，s；η 为被测试样实验温度下的空气黏度，μPa·s；$\eta_{\rm S}$ 为标准样品实验温度下的空气黏度，μPa·s。

（3）当被测试样的试料层中空隙率与标准样品试料层中空隙率不同，实验时的温度与校准温度之差≤3℃和>3℃时，分别按式(53-4a) 和(53-4b) 计算。

$$S=\frac{S_{\rm S}\sqrt{T}(1-\varepsilon_{\rm S})\sqrt{\varepsilon^3}}{\sqrt{T_{\rm S}}(1-\varepsilon)\sqrt{\varepsilon_{\rm S}^3}} \tag{53-4a}$$

$$S=\frac{S_{\rm S}\sqrt{\eta_{\rm S}}\sqrt{T}(1-\varepsilon_{\rm S})\sqrt{\varepsilon^3}}{\sqrt{\eta}\sqrt{T_{\rm S}}(1-\varepsilon)\sqrt{\varepsilon_{\rm S}^3}} \tag{53-4b}$$

式中，ε 为被测试样试料层中的空隙率；ε_S 为标准样品试料层中的空隙率。

（4）当被测试样的密度和试料层中空隙率均与标准样品不同，实验时的温度与校准温度之差≤3℃和＞3℃时，分别按式（53-5a）和（53-5b）计算。

$$S = \frac{S_S \rho_S \sqrt{T}(1-\varepsilon_S)\sqrt{\varepsilon^3}}{\rho \sqrt{T_S}(1-\varepsilon)\sqrt{\varepsilon_S^3}} \tag{53-5a}$$

$$S = \frac{S_S \rho_S \sqrt{\eta_S}\sqrt{T}(1-\varepsilon_S)\sqrt{\varepsilon^3}}{\rho \sqrt{\eta}\sqrt{T_S}(1-\varepsilon)\sqrt{\varepsilon_S^3}} \tag{53-5b}$$

式中，ρ 为被测试样的密度，g/cm^3；ρ_S 为标准样品的密度，g/cm^3。

（5）水泥比表面积应由两次透气实验结果的平均值确定。如两次实验结果相差 2% 以上时，应重新实验。计算结果保留至 $10cm^2/g$，$10cm^2/g$ 以下的数值按四舍五入计。以 cm^2/g 为单位算得的比表面积换算为 m^2/kg 时需乘以 0.1。

（6）不同温度下的汞密度和空气黏度列于表 53-2 中。

表 53-2 不同温度下的汞密度和空气黏度

温度/℃	汞密度/(g·cm³)	空气黏度 η/Pa·s	$\sqrt{1/\eta}$	温度/℃	汞密度/(g·cm³)	空气黏度 η/Pa·s	$\sqrt{1/\eta}$
8	13.58	0.0001749	75.61	22	13.54	0.0001818	74.17
10	13.57	0.0001759	75.40	24	13.54	0.0001828	73.96
12	13.57	0.0001768	75.21	26	13.53	0.0001837	73.78
14	13.56	0.0001778	75.00	28	13.53	0.0001847	73.58
16	13.56	0.0001788	74.79	30	13.52	0.0001857	73.38
18	13.55	0.0001798	74.58	32	13.52	0.0001867	73.19
20	13.55	0.0001808	74.37	34	13.51	0.0001876	73.01

六、思考题

（1）本实验中哪些因素容易引起误差，应如何避免？

（2）为什么实验温度与标准试样校准温度相差大于3℃时，要改变计算公式？

实验54 沥青三大指标测试

一、实验目的

掌握沥青针入度、延度、软化点的测试方法。

二、实验设备及器材

(1) SYD-2801E1针入度试验器：测量范围为（0～600）/（1/10mm）针入度。

(2) LYY-7D电脑低温沥青延伸度试验仪：精度1mm。

(3) 电脑智能沥青软化点试验器：温度分辨率为0.1℃。

三、实验内容和步骤

1.针入度测试

(1) 将沥青加热至流体，按要求浇注至盛样皿内，并在15℃的水浴内进行恒温。

(2) 取出达到恒温的盛样皿，并移入水温控制在实验温度±0.1℃（可用恒温水槽中的水）的平底玻璃皿中的三脚支架上，试样表面以上的水层深度不少于10mm。

(3) 将盛有试样的平底玻璃皿置于针入度仪的平台上。慢慢放下针连杆，用适当位置的反光镜或灯光反射观察，使针尖恰好与试样表面接触。拉下刻度盘的拉杆，使之与针连杆顶端轻轻接触，调节刻度盘或深度指示器的指针，使其指示为零。

(4) 开动按钮，5s后自动停止加载，并读取数值。

2.延度测试

(1) 将沥青加热至流体，按要求浇注至试模内，并在15℃的水浴内进行恒温。

(2) 将保温后的试件连同底板移入延伸度试验仪的水槽中，然后将盛有试样的试模自玻璃板或不锈钢板上取下，将试模两端的孔分别套在滑板及槽端固定板的金属柱上，并取下侧模。水面距试件表面应不小于25mm。

(3) 开动延伸度试验仪，并注意观察试样的延伸情况。此时应注意，在实验过程中，水温应始终保持在实验温度规定范围内，且仪器不得有振动，水面不得有晃动，当水槽采用循环水时，应暂时中断循环，停止水流。在实验中，如发现沥青细丝浮于水面或沉入槽底时，则应在水中加入无水乙醇或食盐，调整水的密度至与试样相近后，重新实验。

(4) 试件拉断时，读取指针所指标尺上的读数，以cm表示。在正常情况下，试件延伸时应成锥尖状，拉断时实际断面接近于零。如不能得到这种结果，则应在报告中注明。

(5) 应进行3个平行实验，当实验结果小于100cm时，重复性实验的允许差为平均值的20%，复现性实验的允许差为平均值的30%。

3. 软化点测试

（1）将装有试样的试样环连同试样底板置于（5±0.5）℃水的恒温水槽中至少 15min，同时将金属支架、钢球、钢球定位环等亦置于相同水槽中。

（2）烧杯内注入新煮沸并冷却至 5℃的蒸馏水，水面略低于立杆上的深度标记。

（3）从恒温水槽中取出盛有试样的试样环放置在支架中层板的圆孔中，套上定位环。然后将整个环架放入烧杯中，调整水面至深度标记，并保持水温为（5±0.5）℃。环架上任何部分不得附有气泡。

（4）将盛有水和环架的烧杯移至放有石棉网的加热炉具上，然后将钢球放在定位环中间的试样中央，立即开动振荡搅拌器，使水微微振荡，并开始加热，使杯中水温在 3min 内调节至维持每分钟上升（5±0.5）℃。在加热过程中，应记录每分钟上升的温度值，如温度上升速度超出此范围时，则实验应重做。

（5）试样受热软化逐渐下坠至与下层底板表面接触时，立即读取温度，精确至 0.5℃。

（6）如沥青的软化点高于 80℃，介质应由水变更为甘油。

四、数据记录及处理

沥青三大性能指标测试数据记录表见表 54-1。

表 54-1 沥青三大性能指标测试数据记录表

组别	针入度/1/10mm	延度/mm	软化点/℃	三大性能指标分析
Ⅰ				
Ⅱ				
Ⅲ				

五、思考题

（1）分析实验过程中有哪些因素可能影响实验结果？

（2）讨论沥青三大指标分别代表沥青的什么性能。

实验55　沥青混合料路用性能测试

一、实验目的

掌握沥青混合料浸水残留稳定度、冻融劈裂残留强度比及车辙动稳定度的测试方法。

二、实验设备及器材

(1) 恒温水槽。

(2) 自动马歇尔试验仪。

(3) 马歇尔击实仪。

(4) 恒温冰箱（温度可控制在－18℃）、烘箱（温度可达60℃）。

(5) 热电偶温度计。

(6) 车辙试验机。

(7) 天平，游标卡尺等。

三、实验内容和步骤

1. 浸水残留稳定度

(1) 将一组试件置于已达规定温度的恒温水槽中保温，保温时间约需30～40min。另一组试件需放置48h，试件之间应有间隔，底下应垫起，离容器底部不小于5cm。

(2) 将自动马歇尔试验仪的上下压头放入水槽或烘箱中达到同样温度。将上下压头从水槽或烘箱中取出，擦拭干净内面。为使上下压头滑动自如，可在下压头的导棒上涂少量黄油。再将试件取出置于下压头上，盖上上压头，然后装在加载设备上。

(3) 在上压头的球座上放妥钢球，并对准荷载测定装置的压头。

(4) 将自动马歇尔试验仪的压力传感器、位移传感器与计算机或X-Y记录仪正确连接，调整好适宜的放大比例。调整好计算机程序或将X-Y记录仪的记录笔对准原点。

(5) 启动加载设备，使试件承受荷载，加载速度为(50±5)mm/min。计算机或X-Y记录仪自动记录传感器压力和试件变形曲线并将数据自动存入计算机。

(6) 当实验荷载达到最大值的瞬间，取下流值计，同时读取压力环中百分表读数及流值计的流值读数。

(7) 从恒温水槽中取出试件至测出最大荷载值的时间，不得超过30s。

2. 冻融劈裂残留强度比

(1) 按击实法制作圆柱体试件。用马歇尔击实仪双面击实各50次，试件数目不少于8个。

（2）测定试件的直径及高度，准确至 0.1mm。试件尺寸应符合直径 101.6mm±0.25mm、高 63.5mm±1.3mm 的要求。在试件两侧通过圆心画上对称的十字标记。

（3）按实验 43 中所述方法测定试件的密度、空隙率等各项物理指标。

（4）将试件随机分成两组，每组不少于 4 个，将第一组试件置于平台上，在室温下保存备用。

（5）将第二组试件进行真空饱水，在 97.3kPa～98.7kPa（730mmHg～740mmHg）真空条件下保持 15min，然后打开阀门，恢复常压，试件在水中放置 0.5h。

（6）取出试件放入塑料袋中，加入 10mL 的水，扎紧袋口，将试件放入恒温冰箱（或家用冰箱的冷冻室），冷冻温度为−18℃±2℃，保持 16h±1h。

（7）将试件取出后，立即放入已保温为 60℃±0.5℃ 的恒温水槽中，撤去塑料袋，保温 24h。

（8）将第一组与第二组全部试件浸入温度为 25℃±0.5℃ 的恒温水槽中不少于 2h，水温高时可适当加入冷水或冰块调节，保温时试件之间的距离不少于 10mm。

（9）取出试件，立即用 50mm/min 的加载速率进行劈裂实验，得到实验的最大荷载。

3. 车辙动稳定度

（1）按实验 43 方法制备车辙试件，每组配比不少于 3 个。

（2）将试件连同试模一起，置于已达到实验温度 60℃±1℃ 的恒温室中，保温不少于 5h，也不得多于 24h。在试件的试验轮不行走的部位上，粘贴一个热电偶温度计（也可在试件制作时预先将热电偶导线埋入试件一角），控制试件温度稳定在 60℃±0.5℃。

（3）将试件连同试模移置于车辙试验机的试验台上，试验轮在试件的中央部位，其行走方向须与试件碾压或行车方向一致。开动车辙变形自动记录仪，然后启动试验机，使试验轮往返行走，时间约 1h，或最大变形达到 25mm 时为止。实验时，记录仪自动记录变形曲线及试件温度。

（4）从记录中读取 45min（t_1）及 60min（t_2）时的车辙深度 d_1 及 d_2，精确至 0.01mm。当变形量达到 25mm 但时间未到 60min 时，取 25mm 对应时间为 t_2，往前追溯 15min 时间为 t_1，所对应车辙深度为 d_1。

四、实验数据及处理

1. 浸水残留稳定度

按式（55-1）计算沥青混合料的浸水残留稳定度。

$$MS_0 = \frac{MS_1}{MS} \times 100\% \tag{55-1}$$

式中，MS_0 为试件的浸水残留稳定度，%；MS 为试件的稳定度，kN；MS_1 为试件浸水 48h 后的稳定度，kN。

2. 冻融劈裂残留强度比

用式（55-2）～式（55-4）计算劈裂抗拉强度及冻融劈裂残留强度比。

$$R_{T1} = 0.006287 P_{T1}/h_1 \tag{55-2}$$

$$R_{T2} = 0.006287 P_{T2}/h_2 \tag{55-3}$$

$$TSR = (R_{T2}/R_{T1}) \times 100\% \tag{55-4}$$

式中，R_{T1} 为未进行冻融循环的第一组试件的劈裂抗拉强度，MPa；R_{T2} 为经受冻融循环的第二组试件的劈裂抗拉强度，MPa；P_{T1} 为第一组试件的实验荷载的最大值，N；P_{T2} 为第二组试件的实验荷载的最大值，N；h_1 为第一组试件的试件高度，mm；h_2 为第二组试件的试件高度，mm；TSR 为冻融劈裂残留强度比，%。

3. 车辙动稳定度

按式(55-5)计算车辙动稳定度。

$$DS = \frac{(t_2 - t_1)N}{d_2 - d_1} C_1 C_2 \tag{55-5}$$

式中，DS 为沥青混合料的车辙动稳定度，次/mm；d_1 为对应于时间 t_1 的变形量，mm；d_2 为对应于时间 t_2 的变形量，mm；C_1 为试验机类型修正系数，曲柄连杆驱动试件的变速行走方式为1.0，链驱动试验轮的等速方式为1.5；C_2 为试件系数，实验室制备的宽300mm的试件为1.0，从路面切割的宽150mm的试件为0.8；N 为试验轮往返碾压速度，通常为42次/min。

五、数据记录及处理

（1）浸水残留稳定度数据记录表见表55-1。

表 55-1　浸水残留稳定度数据记录表

组别	MS/kN	MS_1/kN	MS_0/%
Ⅰ			
Ⅱ			

注：具体计算公式见"四、实验数据及处理"。

（2）冻融劈裂残留强度比数据记录表见表55-2。

表 55-2　冻融劈裂残留强度比数据记录表

序号	P_{T1}/N	h_1/mm	R_{T1}/MPa	P_{T2}/N	h_2/mm	R_{T2}/MPa	TSR/%
Ⅰ							
Ⅱ							
Ⅲ							
Ⅳ							

注：具体计算公式见"四、实验数据及处理"。

（3）车辙动稳定度数据记录表见表55-3。

表 55-3　车辙动稳定度数据记录表

序号	d_1/mm	d_2/mm	DS/(次/mm)
Ⅰ			
Ⅱ			
Ⅲ			

注：具体计算公式见"四、实验数据及处理"。

六、思考题

（1）分析实验过程中有哪些因素可能影响实验结果？

（2）为了保证沥青路面的使用性能和使用寿命，沥青混合料应该具备怎样的路用性能？

第三部分 综合设计实验

实验56 锆钛酸铅（PZT）压电陶瓷的制备及性能研究

一、实验目的

通过对具有压电性能的陶瓷材料锆钛酸铅（PZT）的制备来掌握特种陶瓷材料的整个工艺流程，并掌握一定的压电陶瓷性能测试手段。

二、实验设备及器材

电子天平、球磨机、粉末压片机、箱式电阻炉、成型模具、温度控制仪、准静态 d_{33} 测量仪、极化装置、阻抗分析仪等。

三、实验原理

自从十九世纪五十年代中期，发现钙钛矿的 PZT 陶瓷具有比 $BaTiO_3$ 更为优良的压电和介电性能，因而其得到广泛的研究和应用。图 56-1 为 $Pb(Zr_x Ti_{1-x})O_3$ 体系的低温相图，在居里温度以上时，立方结构的顺电相 P_c 为稳定相；在居里温度以下，材料为铁电相。富 Ti 组分（$0 \leqslant x \leqslant 0.52$）为四方相 F_T，而低 Ti 组分（$0.52 \leqslant x \leqslant 0.94$）为三方相 F_R。两种晶相被一条 $x = 0.52$ 的相界线分开。在三方相区中有两种结构的三方相：高温三方相 $F_{R(HT)}$ 和低温三方相 $F_{R(LT)}$。这两种三方相的区别在于前者为简单三方晶胞，后者为复合三方晶胞。在靠近 $PbZrO_3$ 组分（$0.94 \leqslant x \leqslant 1$）的地方为反铁电区，反铁电相分别为低温斜方相和高温四方相。

如图 56-2 所示，对于四方相，自发极化方向沿着六个 〈100〉 方向中的一个方向进行，而三方相的自发极化方向沿着八个 〈111〉 方向中的一个方向进行。由于自发极化方向的不同，在不同的晶体结构中产生不同种类的电畴，在四方相中产生 180° 和 90° 电畴，三方相中产生 180°、109°、71° 电畴。

实验室制备 PZT 压电陶瓷的工艺路线为：配方设计→PZT 粉体混合研磨制备→预烧→

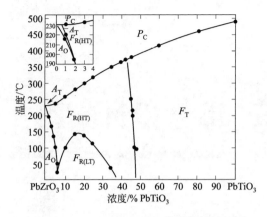

图 56-1 $Pb(Zr_x Ti_{1-x})O_3$ 体系的低温相图

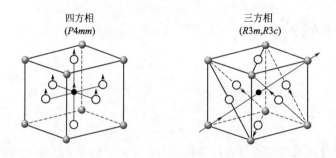

图 56-2 PZT 四方相和三方相的晶体结构

成型→排塑→烧结→上电极→极化。

（1）PZT 粉体制备。PZT 压电陶瓷的粉体制备方法一般包括：固相法和液相法。传统固相法具有产量高、工艺易于控制等优点；液相法包括溶胶-凝胶法、水热法以及沉淀法，沉淀法又包括分步沉淀法和共沉淀法。其中，溶胶-凝胶法和水热法研究较多。

（2）预烧。混合后，压电坯料一般以粉末或颗粒的形式进行预烧，预烧的目的是：除去结合水、碳酸盐中的二氧化碳和可挥发物质；使组成中的氧化物产生热化学反应而形成所希望的固溶体，因为形成固溶体，减少了最后烧结的体积收缩。理论上，预烧温度要选的高一些，使得能够发生完全反应。但太高的温度会使样品不容易研磨，且一些易挥发氧化物（如 Pb 的化合物）容易挥发造成比例失调。

（3）研磨。研磨可以使原先存在的不均匀性和预烧产生的不均匀性得到改善。如果过粗，则陶瓷颗粒间会有大的空隙，同时降低烧结密度，如果太细，则它的胶体性质可能妨碍后面的成型。

（4）成型。成型方法主要有注浆成型、可塑成型、模压成型以及等静压成型。

（5）排塑。成型后的制品要在一定的温度下进行排塑，排塑的目的就是在一定的温度下，除了使在成型过程中所加入的黏结剂全部挥发以外，还使坯件具有一定的机械强度。

（6）烧结：当前 PZT 陶瓷烧结主要采用的是传统固相烧结，它虽然操作简单，但由于烧结温度过高，存在着严重不足。首先，高温下 PbO 容易挥发损失，造成 PZT 材料化学组分不能精确控制，影响了材料的使用性能，同时增加了对环境的污染；其次，由于锆离子的活动性差，对富锆 PZT 陶瓷烧结十分困难，需要非常高的温度，导致设备要求和能耗增加。

为克服以上不足，各国学者进行了大量研究，积极寻找先进的烧结方法和合理的烧结工艺。改进的固相烧结有：添加烧结助剂实现液相烧结、反应烧结（反应烧结即在组分相发生反应的同时致密化，粉体合成和烧结一步完成）、采用特殊装置和手段实现烧结（如热压烧结是利用塑性流动、离子重排和扩散对材料进行致密化）。

（7）被银：烧结后的压电陶瓷要被银做电极以备后期测试用。被银一般是在陶瓷片两面被上银浆，在合适的温度下加热烧出银浆中的有机物。

（8）极化：极化是压电陶瓷制备过程中最后一个环节，要使压电陶瓷具有压电效应，必须对样品进行极化处理，而极化过程中极化温度、极化时间和极化电场强度是极化的关键因素。

四、实验内容

（1）按照传统陶瓷工艺制备 PZT 压电陶瓷。

（2）测试所制备 PZT 陶瓷的结构与性能。

实验57 核壳结构晶粒的铁电陶瓷制备及性能研究

一、实验目的

了解经过预烧后的粉料是可以在后期制备陶瓷时改性的原理，该原理有利于提高样品的温度稳定性。

二、实验设备及器材

电子天平、球磨机、粉末压片机、箱式电阻炉、成型模具、温度控制仪、准静态、d_{33}测量仪、极化装置、阻抗分析仪等。

三、实验原理

粉料经较高温度预烧后初步形成了较大的晶粒，再掺杂可改性的微粉，均匀混合后压片形成坯体。烧结时改性的微粉会从晶粒表面渗入，形成薄的扩散层。适当控制烧结温度不要太高，避免微粉充分均匀扩散，即只在表面层扩散。当达到一定的厚度以后，就形成了核壳结构的晶粒。

四、实验要求

预烧的温度比一般制备陶瓷的温度要高，以形成接近 $1\mu m$ 尺寸的晶粒为目的。改性掺杂物浓度不是很高，称重时以质量分数计算，便于操作。

实验58 CTLA微波介质陶瓷的制备及性能研究

一、实验目的

熟悉微波介质陶瓷制备工艺，了解微波介质陶瓷性能参数测试方法。

二、实验设备及器材

电子天平、球磨机、粉末压片机、箱式电阻炉、成型模具、网络分析仪、高低温交变试验箱。

三、实验原理

微波介质陶瓷（MWDC）是指在微波频段（300MHz～300GHz）电路中能够完成一种或多种功能的介质材料。在电磁波谱中，微波由于其频率高，信息容量大，因而十分有利于在现代通信技术中应用，同时其传播方向性强，能量高，对金属反射能力强，有利于提高发射和跟踪目标的准确性。由于微波具有以上这些特点，因此介质谐振器、介质滤波器、稳频振荡器、微波介质天线、介质波导传输线等，这些采用微波介质材料制备的微波器件在移动通信、卫星电视广播等民用通信，以及雷达、卫星定位导航等国防军事系统具有广泛的应用前景。为了满足采用微波介质陶瓷制备的介质滤波器、介质谐振器等基站通信器件能在微波频段下正常工作的要求，主要控制以下三个方面的性能指标：介电常数 ε_r、品质因数与频率乘积（$Q \times f$）和谐振频率温度系数 τ_f。随着移动通信技术的快速发展，电子电路高集成化以及电子元器件小型化、片式多功能化成为发展趋势，这对微波介质材料的性能指标提出了更高的要求，应保证其具有较高的介电常数、低损耗（高品质因数 Q）以及良好的温度稳定性（τ_f 接近零）。

目前，一些材料具有较高的介电常数，损耗也比较小，然而谐振频率温度系数太大，其中的典型代表是具有氧八面体结构的钙钛矿体系。为了调节 τ_f，最简单的方法是寻找一种 τ_f 为负值且介电常数与品质因数较高的材料与其复合形成固溶体或者复合体系。其中，最突出的温度系数补偿型材料体系有 $CaTiO_3$-$NdAlO_3$（CTNA），其中 $\varepsilon_r = 45$，$Q \times f = 16000GHz$（2.7GHz）；$SrTiO_3$-$LaAlO_3$（STLA），其中 $\varepsilon_r = 39$，$Q \times f = 35000GHz$（2GHz）。同时，研究表明钙钛矿系 $(1-x)CaTiO_3-xLaAlO_3$ 陶瓷也具有与之可比的微波介电性能，$CaTiO_3$ 具有正交钙钛矿结构，其 $\varepsilon_r = 170$，$Q \times f = 3500GHz$，$\tau_f = 800 \times 10^{-6}/^\circ C$；而 $LaAlO_3$ 具有菱方钙钛矿结构，其 $\varepsilon_r = 23.4$，$Q \times f = 68000GHz$，$\tau_f = -44 \times 10^{-6}/^\circ C$。通过调节 $LaAlO_3$ 的配比，可以获得 ε_r 在 $30 \sim 50$，$Q \times f$ 在 $30000GHz \sim 50000GHz$ 范围内可调且 τ_f 近零的一系列性能良好的微波陶瓷材料。并且在中等大小介电常数的材料体系中，真正形成商业化的介质谐振器材料也只有钙钛矿系 $MTiO_3$-$LnAlO_3$ 中

的 $CaTiO_3$-$LaAlO_3$（CTLA）、$CaTiO_3$-$NdAlO_3$（CTNA）几组配方，CTLA 介电常数较大，而且频率温度系数更易调节，因而具有广泛的应用前景。

本实验使用传统陶瓷工艺制备 CTLA 微波介质陶瓷，具体过程中利用两步法制备了一系列不同组分的 $(1-x)CaTiO_3$-$_xLaAlO_3$ 陶瓷，研究 $LaAlO_3$ 含量对陶瓷的物相及微波介电性能的影响。

四、实验步骤及要求

（1）配料称量。称量前，将原料放入干燥箱中 120℃恒温烘 2h，然后根据 CTLA 化学计量比算出各原料的用量，按照重、轻、较轻、较重的原则进行称量，并按顺序依次倒入球磨罐中。

（2）一次球磨。将称量后的原料倒入装有氧化锆球的球磨罐中，然后加入与原料质量比为 1∶1.5 的去离子水，将球磨罐放置在球磨机中固定，以 280r/min 的转速滚动球磨 4h，其目的是减小粉末的粒度，让原料充分混合，以便预烧过程能反应充分。

（3）烘干。将球磨后的混合浆料转移到干净的不锈钢杯中，做好编号，置于烘箱中 120℃烘 12h。

（4）预烧。将烘干后的龟裂块体倒入研钵研细后，将粉末装入氧化铝坩埚中轻轻压实，用牙签均匀扎孔，以确保粉体反应过程中气体的排出，然后用氧化铝板盖上，并放入电阻炉中按一定的升温曲线进行煅烧。预烧是为了合成主晶相，预烧后粉体的活性大，易于参加固相反应，生成结构致密的陶瓷，同时，预烧能使粉体充分反应排出气体，避免了在晶粒生长过程中有气体产生，减少气孔的产生，提高陶瓷的致密度。

（5）二次球磨。将预烧后的块体研碎成粉末，按照配比称量后倒入装有氧化锆球的球磨罐中，加入质量分数为 70% 的去离子水，以 280r/min 的转速球磨 8h。

（6）造粒压片。将二次球磨后烘干的块体研磨过 60 目筛，往过筛后的粉料中加入 8%～10% 的质量分数为 5% PVA 溶液，进行手工造粒，充分搅匀后过 40 目筛，这样得到的球状颗粒具有较好的流动性。造粒后的粉料采用压片机干压成型，设定压力为 6MPa，保压 10s，制成厚约 7mm、直径 12mm 的圆柱体。

（7）排胶。将压制好的陶瓷生坯放入电阻炉中，以 1.5℃/min 的升温速率缓慢升温至 600℃，保温 1h 进行排胶，保持炉门微开，确保有机物完全排出，避免在烧结时，有机物快速排出形成较大的气孔，降低陶瓷的致密度。

（8）烧结。将排胶后的生片平放在氧化铝承烧板上，放入烧结炉中，以 2℃/min 的升温速率升温，在 1300～1450℃保温 4h，然后缓慢冷却至室温。烧结是晶粒不断生长最终形成致密体的一个过程，烧结效果对陶瓷的微观结构、机械特性及电学性能起决定性作用，因此要综合考虑升降温速率、保温时间、烧结温度等因素。

实验59　磁控溅射法制备薄膜及性能研究

一、实验目的

了解磁控溅射设备的构造，熟悉磁控溅射沉积薄膜的基本原理。

二、实验设备及器材

实验设备：磁控溅射仪。Ar气源、金属靶材、基片。

三、实验原理

磁控溅射技术属于PVD（物理气相沉积）技术的一种，是一种重要的薄膜材料制备方法，目前已经成为沉积耐磨、耐蚀、装饰、光学及其他各种功能薄膜的重要制备手段。

磁控溅射沉积薄膜原理如下。

在阳极（除去靶材外的整个真空室）和阴极溅射靶材（需要沉积的材料）之间加上一定的电压，形成具有足够强度的静电场。然后再在真空室内通入较易离子化的惰性气体Ar，在静电场 E 的作用下产生气体离子化辉光放电。Ar电离并产生高能的 Ar^+ 和二次电子e。高能的 Ar^+ 由于电场 E 的作用会加速飞向阴极溅射靶表面，并以高能量轰击靶表面，使靶材表面发生溅射。被溅射出的靶原子（或分子）沉积在基片上形成薄膜。

由于磁场 B 的作用，一方面在阴极靶的周围，形成一个高密度的辉光等离子区，在该区域电离出大量的 Ar^+ 来轰击靶的表面，溅射出大量的靶材粒子向衬底表面沉积。理论上来说，磁控溅射由于磁场的作用，能将等离子体限制在靶的表面，在低气压下充分起辉，并且，它具有高的溅射率。非平衡磁控溅射技术是在磁控溅射的基础上，改变阴极磁场，使得通过磁控溅射的内、外两个磁极端面的磁通量不相等，磁力线在同一阴极靶面内不形成闭合曲线，从而可将等离子体扩展到远离靶处，使基片浸没其中，在基片表面形成大量的离子轰击，直接干涉基片表面的成膜过程，从而改善了薄膜的性能，并且在高真空条件下，被溅射粒子与工作气体的碰撞可以忽略不计，被溅射的粒子直接从靶的表面飞向基片，其沉积在基片上的概率反比于其路径长度。根据磁控溅射靶的刻蚀现象与磁控溅射的关系对于实验设备及工艺的影响，本实验所用镀膜设备有磁控溅射源，磁控溅射阴极靶材为纯钛，溅射源在工作时属于非平衡磁控阴极和磁控源电源的最大工作功率。对于磁控溅射靶基距与薄膜厚度分布的关系，在一定范围内，随着靶基距的增大，薄膜厚度均匀性都有提高的趋势。靶基距的增大会使基片上各点沉积薄膜的相对厚度降低，而且也会使靶的刻蚀对膜厚均匀性的影响逐渐变小。同时，靶基距的增大还会使得被溅射的原子与原子碰撞的概率增大，原子的散射运动使薄膜的沉积速率有下降的趋势。因此，靶基距是影响薄膜厚度均匀性的重要因素。除此之外，溅射气压和退火温度都会对沉积薄膜的结构和性能产生影响。

四、实验步骤及要求

（1）准备基片。先用蒸馏水简单漂洗，之后放到超声波清洗仪中做进一步清洗。

（2）放置基片。开真空室前，必须确保真空室处于大气压状态。打开位于机器后方的放气阀，渐渐增加腔内气压，当放气声音消失时不要立刻打开真空室，须等放气彻底再打开以免损坏机器。同时，上盖的开启是受程序控制的，整个过程是在位于溅射仪前面的显示屏上操作的。真空室被打开后，将基片放入。此时须注意靶位的编号，以免发生错误。

（3）抽真空。一切就绪后关闭上盖，准备开始抽真空。具体的方法是：先打开机械泵抽气，当真空度达到一定值（约 0.1Pa）时，打开分子泵，继续抽真空，测量的时候两个真空计的示数会略有不同。

（4）进行溅射镀膜。当真空室气压降至 10^{-4} Pa 量级时，接通氩气，调节气体流量计使之稳定于 1Pa，打开直流电源，调节电流和载空比，设定工艺参数如下：溅射气压为 0.98Pa，溅射气流为 20.2Pa，输入电流为 0.213A，输入电压为 157V。

（5）溅射结束，关闭电源，停止抽真空，放气，平衡气压，取出样品。

（6）测试所制备薄膜的结构及性能。

实验60　脉冲激光沉积（PLD）法制备薄膜及性能研究

一、实验目的

了解 PLD 设备的构造，了解 PLD 沉积薄膜的基本原理，能使用 PLD 技术制备结构和性能较好的薄膜。

二、实验设备及仪器

PLD 沉积系统。

三、实验原理

20 世纪 60 年代第一台红宝石激光器的问世，开启了激光与物质相互作用的全新领域。科学家们发现当用激光照射固体材料时，有电子、离子和中性原子从固体表面逃逸出来，这些跑出来的粒子在材料附近形成一个发光的等离子区，其温度约在几千到一万摄氏度之间，随后有人想到，若能使这些粒子在衬底上凝结，就可得到薄膜，这就是最初激光镀膜的概念。最初有人尝试用激光制备光学薄膜，这种方法经分析类似于电子束蒸发镀膜，没有体现出其优势，因此这项技术一直不被人们重视。直到 1987 年，美国 Bell 实验室首次成功地利用短波长脉冲准分子激光制备了高质量的钇钡铜氧超导薄膜，这一创举使得脉冲激光沉积（Pulsed Laser Deposition，PLD）技术受到国际上广大科研工作者的高度重视，从此 PLD 成为一种重要的制膜技术。

脉冲激光沉积系统样式比较多，但是结构差不多，一般由准分子脉冲激光器、光路系统（光阑扫描器、会聚透镜、激光窗等）、沉积系统（真空室、抽真空泵、充气系统、靶材、基片加热器）、辅助设备（测控装置、监控装置、电机冷却系统）等组成。

脉冲激光沉积技术的主体是物理过程，但有时也会引入活性气体并含有化学反应过程。其溅射过程使用的激光是多维脉冲激光，多用来制备纳米薄膜。PLD 镀膜技术是将准分子脉冲激光器所产生的高功率脉冲激光束聚焦作用于靶材表面，使靶材表面产生高温熔蚀物，并进一步产生高温高压等离子体，这种等离子体能够产生定向局域膨胀发射并在衬底上沉积成膜。脉冲激光作为一种新颖的加热源，其特点之一就是能量在空间和时间上高度集中。从靶材经过激光束作用产生等离子体到粒子最后在基片表面凝结沉积成膜，整个 PLD 镀膜过程通常分为三个阶段：

1. 激光与靶材相互作用产生等离子体

脉冲激光烧蚀固体靶产生等离子体的过程非常复杂，而此过程对激光烧蚀沉积又非常关键。激光束聚焦在靶材表面，在足够高的能量密度下和短的脉冲时间内，靶材吸收激光能量并使光斑处的温度迅速升高至靶材的蒸发温度以上而产生高温及烧蚀，靶材汽化蒸发，有原子、分子、电子、离子和分子团簇及微米尺度的液滴、固体颗粒等从靶的表面逸出。这些被蒸发出来的物质反过来又继续和激光相互作用，其温度进一步提高，形成区域化的高温高密度的等离子体，等离子体通过逆韧致吸收机制吸收光能而被加热到 $10^4\,K$ 以上，形成一个具有致密核心的明亮的等离子体火焰。

2. 等离子体在空间的输运（包括激光作用时的等温膨胀和激光结束后的绝热膨胀）

等离子体火焰形成后，其与激光束继续作用，进一步电离，等离子体的温度和压力迅速升高，并在靶面法线方向形成较大的温度和压力梯度，使其沿该方向向外产生等温（激光作用时）和绝热（激光终止后）膨胀，此时，电荷云的非均匀分布形成相当强的加速电场。在这些极端条件下，高速膨胀过程发生在数十纳秒瞬间，迅速形成了一个沿法线方向向外的细长的等离子体羽辉。

3. 等离子体在基片上成核、长大形成薄膜

激光等离子体中的高能粒子轰击基片表面使其产生不同程度的辐射式损伤，其中之一就是原子溅射。入射粒子流和溅射原子之间形成了热化区，一旦粒子的凝聚速率大于溅射原子的飞溅速率，热化区就会消散，粒子在基片上生长出薄膜。这里薄膜的形成与晶核的形成和长大密切相关。而晶核的形成和长大取决于很多因素，诸如等离子体的密度、温度、离化度、凝聚态物质的成分、基片温度等。随着晶核过饱和度的增加，临界核开始缩小，直到高度接近原子的直径，此时薄膜的形态是二维的层状分布。

四、实验步骤及要求

PLD 沉积薄膜的流程为：清洗衬底→安装靶材→放置衬底→抽真空→衬底加热→充氧→沉积薄膜→退火。

关键步骤如下：

（1）分子泵抽真空。直到真空度小于 $10^{-4}\,Pa$ 时，才达到沉积薄膜的要求。真空度低时会引入杂质。

（2）对衬底加热。在抽真空过程中，应边抽边缓慢地增加衬底温度，直到衬底温度达到沉积膜时需要的温度，同时用红外测温仪对衬底温度进行实时监控。

（3）开机械泵管阀充氧。让流入的氧气与被机械泵抽出去的氧气达到动态平衡。

（4）沉积薄膜。同时打开靶自转开关让靶自转，就可打开激光开始沉积薄膜。

（5）退火。待沉积薄膜时间到时，关闭激光器，设定退火温度和退火氧压。此时就开始缓慢退火，退火时间根据不同材料自行设定。退火完成后，缓慢地降低温度到室温，然后关闭氧气，关闭电源，完成镀膜过程。

（6）实验中应考虑影响薄膜质量的因素：衬底温度、靶基距、氧压比、退火温度、靶材密度和激光能量等。考虑这些因素后优化实验条件获得制备某种薄膜的最佳工艺参数。

实验61 **水泥干缩性实验**

一、实验目的

水泥干缩性实验的目的是测定水泥胶砂干缩率，评定水泥干缩性能，并掌握测定干缩性的原理和方法。

二、实验设备及器材

（1）胶砂搅拌机：符合 JC/T 681—2005《行星式水泥胶砂搅拌机》的规定。

（2）试模：试模为三联模，由互相垂直的隔板、端板、底座以及定位用螺丝组成，结构如图 61-1 所示。各组件可以拆卸，组装后每联内壁尺寸为 25mm×25mm×280mm。端板有 3 个安置测量钉头的小孔，其位置应保证成型后试体的测量钉头在试体的轴线上。隔板和端板用 45 号钢制成，表面粗糙度 Ra 不大于 6.3μm。底座用 HT20-40 灰口铸铁加工，底座上表面粗糙度 Ra 不大于 6.3μm，底座非加工面涂漆无流痕。

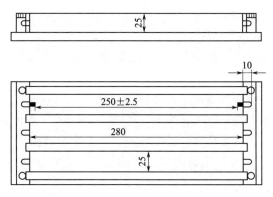

图 61-1 三联模（单位：mm）

（3）钉头：测量钉头用不锈钢或铜制成，规格如图 61-2 所示。成型试体时测量钉头伸入试模端板的深度为 10mm±1mm。

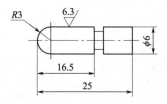

图 61-2 钉头（单位：mm）

（4）捣棒：包括方捣棒和缺口捣棒两种，规格见图 61-3，均由金属材料制成。方捣棒受压面积为 23mm×23mm，缺口捣棒用于捣固测量钉头两侧的胶砂。

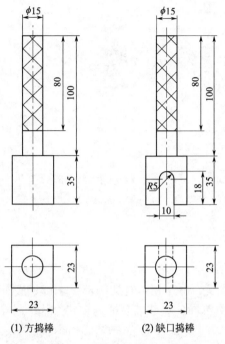

(1) 方捣棒   (2) 缺口捣棒

图 61-3 捣棒（单位：mm）

（5）干缩养护箱：由不易被药品腐蚀的塑料制成，其最小单元能养护六条试体并自成密封系统。有效容积为 340mm×220mm×200mm，有五根放置试体的箅条，分为上、下两部分，箅条宽 10mm、高 15mm、相互间隔 45mm，箅条上部放置试体的空间高为 65mm。箅条下部用于放置控制单元湿度用的药品盘，药品盘由塑料制成，大小应能从单元下部自由进出，容积约 2.5L。

（6）刮砂板：用不易锈蚀和不被水泥浆腐蚀的金属材料制成。

（7）三棱刮刀：截面为边长 28mm 的正三角形，钢制，有效长度为 26mm。

（8）比长仪：由百分表、支架及校正杆组成，百分表分度值为 0.01mm，最大基长不小于 300mm，量程为 10mm。允许用其他形式的测长仪，但精度必须符合上述要求，在仲裁检验时，应以比长仪为准。

（9）跳桌及其附件（见实验 46 水泥胶砂流动度测验）。

（10）天平：最大称量不小于 1000g，分度值不大于 1g。

（11）实验材料：水泥试样应先通过 0.9mm 方孔筛，记录筛余物，并充分拌匀。标准砂应符合国标的规定。实验用水应为饮用水。

三、实验原理

水泥加水会发生水化，水化水泥与水系统绝对体积一般是减缩的，减缩程度与水泥矿物组成、水灰比、养护制度、环境条件有关。混凝土除上述影响因素外，还与水泥用量有关。水泥砂浆和混凝土在水化与硬化过程中，由于水泥浆体中水分蒸发会引起干燥收缩，或者由于空气中含有一定比例的 CO_2，在一定的相对湿度下使水泥硬化浆体的水化产物分解，并放出水分而引起碳化收缩，以及由于温度变化会引起冷收缩等。因水泥干缩性能直接影响水泥混凝土的使用质量，因此用本实验测定水泥胶砂干缩率，以此评定水泥干缩性能。

本实验采用两端有球形钉头的 25mm×25mm×280mm 的 1∶2 胶砂试体，在规定温度、规定湿度的空气中养护后，用比长仪测量不同龄期试体的长度变化，以确定水泥胶砂的干缩性能。

四、实验内容和步骤

1. 调节实验室温度和湿度

（1）成型实验室温度应保持在 20℃±2℃，相对湿度不低于 50％。实验设备和材料的温度应与实验室温度一致。

（2）带模养护的养护箱或雾室温度保持在 20℃±1℃，相对湿度不低于 90％。养护池水温度应在 20℃±1℃ 范围内。

（3）干缩养护温度 20℃±3℃，相对湿度 50％±4％。

2. 胶砂组成

（1）灰砂比：水泥胶砂干缩实验需成型一组三条 25mm×25mm×280mm 试体。胶砂中水泥与标准砂比例为 1∶2（质量比），成型一组三条试体宜称取水泥试样 500g、标准砂 1000g。

（2）胶砂用水量：按制成胶砂流动度达到 130～140mm 来确定。

3. 胶砂制备

（1）试模准备：成型前将试模擦净，四周的模板与底座紧密装配，内壁均匀刷一薄层机油，钉头擦净后嵌入试模孔中，并在孔内左右转动，使钉头与孔准确配合。

（2）胶砂搅拌：将称量好的砂倒入搅拌机的加砂装置中，把水加入锅里，再加入水泥，把锅放在固定架上，上升至固定位置。然后立即开动机器，低速搅拌 30s 后，在第二个 30s 开始的同时自动均匀地将砂子加入。把机器转至高速再拌 30s。停拌 90s，在此期间的第一个 30s 内将搅拌锅放下，用刮刀将黏附在叶片上的胶砂刮到锅中。再用料勺混匀砂浆，特别是锅底砂浆。再在高速下继续搅拌 60s。各个搅拌阶段，时间误差应在 ±1s 以内。

4. 试体成型

（1）将制备好的胶砂，分两层装入两端已装有钉头的试模内。

（2）第一层胶砂装入试模后，先用小刀来回划实，尤其是钉头两侧，必要时可多划几次，然后用 23mm×23mm 方捣棒从钉头内侧开始，从一端向另一端顺序地捣 10 次，再返回捣 10 次，共捣 20 次，再用缺口捣棒在钉头两侧各捣压两次，然后将余下胶砂装入模内，同样用小刀划匀，深度应透过第一层胶砂表面，再用 23mm×23mm 捣棒从一端开始顺序地捣压 12 次，往返捣压 24 次。每次捣压时，先将捣棒接触胶砂表面再用力捣压，捣压应均匀稳定，不得冲压。

（3）捣压完毕，用小刀将试模边缘的胶砂拨回试模内，并用三棱刮刀将高于试模部分的胶砂断成几部分，沿试模长度方向将超出试模部分的胶砂刮去，刮平时不要松动已捣实的试体，必要时可以多刮几次，刮平表面后，编号。

5. 试体养护、存放和测量

（1）将试体带模放入温度 20℃±1℃、相对湿度不低于 90％ 的养护箱或雾室内养护。

（2）试体自加水时算起，养护 24h±2h 后脱模，然后将试体放入水中养护。如脱模困难时，可延长脱模时间。所延长的时间应在实验报告中注明，并从水养时间中扣除。

（3）试体在水中养护两天后，由水中取出，用湿布擦去表面水分和钉头上的污垢，用比长仪测定初始读数（L_0）。比长仪使用前应用校正杆进行校准，确认其零点无误情况下才能用于试体测量（零点是一个基准，不一定是零）。测完初始读数后应用校正杆重新检查零点，如零点变动超过 ±0.01mm，则整批试体应重新测定。

（4）将试体移入干缩养护箱的篦条上养护，试体之间应留有间隙，相对湿度为 50%。

（5）从试体放入干缩养护箱开始计时 25d，即从成型时算起 28d，之后取出试体，测量试体长度（L_{28}）。干缩龄期也可自行设定。

（6）试体长度测量应在实验室内进行，比长仪在实验室温度恒温后才能使用。

（7）每次测量时，试体在比长仪中的上下位置都相同，读数时应左右旋转试体，使试体钉头和比长仪正确接触，指针摆动不得大于 0.02mm，读数应记录至 0.001mm。测量结束后，应用校正杆校准零点，当零点变动超过 ±0.01mm，整批试体应重新测量。

五、数据记录及处理

（1）水泥干缩性实验记录表见表 61-1。

表 61-1 水泥干缩性实验记录表

试体编号	初始长度 L_0/mm	28d 龄期长度 L_{28}/mm	28d 龄期干缩率 S_{28}/%	平均干缩率 S/%	备注
1					
2					龄期 28d
3					

（2）结果计算。水泥胶砂试体 28d 龄期干缩率按式（61-1）计算，精确至 0.001%。

$$S_{28} = \frac{(L_0 - L_{28}) \times 100}{250} \tag{61-1}$$

式中，S_{28} 为水泥胶砂试体 28d 龄期干缩率，%；L_0 为初始测量读数，mm；L_{28} 为 28d 龄期的测量读数，mm；250 为试体有效长度，mm。

（3）结果处理。以三条试体的干缩率的平均值作为试样的干缩结果。如有一条干缩率超过中间值 15% 时取中间值作为试样的干缩结果，当有两条试体超过中间值 15% 时应重新实验。

六、思考题

（1）为什么每次测量前都要用校正杆校准？

（2）测试水泥干缩性对水泥混凝土的实际工程应用有什么重要意义？

实验62 水泥工艺综合性实验

一、实验目的

水泥工艺综合性实验以水泥熟料的制备和性能评定为主，目的是加深学生对水泥专业知识的理解。

二、实验准备

原材料的选用与制备：选用天然矿物原料及工业废渣或化学试剂作为原材料，如石灰石、黏土、铁粉、石英砂等。选用混合材如粒化高炉矿渣粉、粉煤灰等。各种原材料根据需要进行烘干、破碎和粉磨等预处理。

三、实验内容和步骤

1. 制备合格的生料

（1）根据预先设计好的生料率和原材料的化学成分，采用累加试凑法进行配料计算。

（2）根据实验项目与组数计算出生料用量。

（3）对生料进行粉磨，使其细度满足煅烧熟料的要求，并评价生料的易磨性和易烧性。

（4）制备生料料饼。为便于固相反应和液相扩散以获得优质的熟料，须将生料制成料饼。料饼可在压力机上于一定压力下用圆试模加压成型，也可采用人工手动加压成型。干燥后再放入高温炉内进行煅烧。

2. 熟料的煅烧与质量检验

（1）根据生料易烧性确定最高煅烧温度及范围，选用放置生料料饼的器具，可根据需要选用坩埚或耐火匣钵。耐火器具的选择应确保在煅烧温度下不会破裂，不与熟料起反应。

（2）根据最高煅烧温度选择合适的高温电炉。

（3）准备好供熟料冷却、炉子降温和散热用的吹风装置或电风扇，取熟料用的长柄钳子、石棉等。

（4）根据熟料矿物组成、反应机理和反应动力学有关理论知识正确选择烧成制度。

（5）进行熟料煅烧实验，并将熟料按照冷却制度进行冷却。

（6）检验熟料的质量。包括熟料化学成分分析，并计算熟料矿物组成；熟料岩相检验；测定游离氧化钙含量；熟料易磨性检验。

（7）在熟料中掺入适量石膏，磨至规定的细度后，做全套物理性能测试，包括标准稠度用水量、凝结时间、稳定性和强度检验，确定熟料标号。

3. 水泥的制备与检验

将煅烧的熟料、适量石膏和一定量的混合材磨细制成水泥，自行设计实验检测水泥性能。

实验63 混凝土配合比设计综合性实验

一、实验目的

混凝土配合比是指混凝土中各组成材料质量之间的比例关系，常用以下两种方法表示：一种是以 1m³ 混凝土中各种材料的质量表示，如水泥 320kg、矿渣微粉 40kg、水 180kg、砂 800kg、石子 1120kg，则 1m³ 混凝土总质量为 2460kg；另一种表示方法是以各种材料相互间的质量比例关系来表示，假设水泥质量为 1，将上述混凝土配合比表示成水泥∶矿渣微粉∶砂∶石＝1∶0.125∶2.5∶3.5，水灰比＝0.50。根据预计的混凝土强度等级及其他性能的要求，设计混凝土配合比，并进行试配和检验。

二、实验的基本要求

设计混凝土配合比的任务是根据原材料的技术性能和施工条件，合理选择原材料，并确定出能满足工程要求的技术经济指标的各种原材料的用量。混凝土配合比设计的基本要求是：

(1) 满足混凝土结构设计的强度等级。

(2) 满足施工所要求的混凝土拌合物的和易性。

(3) 满足混凝土在服役环境中的耐久性。

(4) 节约水泥和降低混凝土成本，还可考虑利用废弃物。

三、实验内容和步骤

1. 混凝土配合比参数的确定

混凝土配合比设计，实质上就是确定胶凝材料、水、砂与石子这四项基本组成材料用量之间的三个比例关系，即：水与胶凝材料之间的比例关系，常用水灰比（W/C）表示；砂与石子之间的比例关系，常用砂率（S_p）表示；水泥浆与骨料之间的比例关系，常用单位用水量（1m³ 混凝土的用水量）来反映。水胶比、砂率和单位用水量是混凝土配合比的三个重要参数，因为这三个参数与混凝土的各项性能之间有着密切的关系。在配合比设计中，混凝土的四个基本变量即水泥、水、细骨料和粗骨料，可分别用 m_C、m_W、m_S、m_G 表示 1m³ 混凝土中的用量（kg/m³），配合比设计就是要确定这四个基本变量。

2. 混凝土配合比设计步骤

按照《普通混凝土配合比设计规程》（JGJ 55—2011）进行混凝土配合比设计。

进行混凝土配合比设计时，首先按照已选择的原材料性能及对混凝土的技术要求进行初步计算，得出"初步计算配合比"。再经过实验室试拌调整，得出"基准配合比"。然后经过强度检验（如有抗渗、抗冻等其他性能要求，应进行相应检验），确定出满足设计和施工要求并比较经济的"实验室配合比"。最后根据现场砂、石的实际含水率，对实验室配合比进行调整，得出"施工配合比"。

3. 混凝土配合比的试配、调整与确定

（1）试配。进行混凝土配合比试配时应采用工程中实际使用的原材料。混凝土的搅拌方法，宜与生产时使用的方法相同。试配时，每盘混凝土应满足最小搅拌量的要求。按计算的配合比进行试配时，首先应进行试拌，以检查拌合物的性能。当试拌得出的拌合物坍落度或维勃稠度不能满足要求，或黏聚性和保水性不好时，应在保证水灰比不变的条件下相应调整单位用水量或砂率，直到符合要求为止。然后提出供混凝土强度实验用的基准配合比。进行混凝土强度实验时至少应采用三个不同的配合比。当采用三个不同的配合比时，其中一个应为确定的基准配合比，另外两个配合比的水灰比，宜较基准配合比分别增加和减少 0.05，单位用水量应与基准配合比相同，砂率可分别增加和减少 1%。当不同水灰比的混凝土拌合物坍落度与要求值的差超过允许偏差时，可通过增、减单位用水量进行调整。制作混凝土强度实验试件时，应检验混凝土拌合物的坍落度或维勃稠度、黏聚性、保水性及拌合物的表观密度，并以此结果作为代表相应配合比的混凝土拌合物的性能。进行混凝土强度实验时，每种配合比至少应制作一组（三块）试件，标准养护到 28d 时抗压。需要时可同时制作几组试件，供快速检验或较早龄期试压，以便提前定出混凝土配合比供施工使用。但应以标准养护 28d 强度或现行国家标准等规定的龄期强度的检验结果为依据调整配合比。

（2）配合比的调整与确定。根据实验得出的混凝土强度与其相对应的水灰比（W/C）关系，用作图法或计算法求出与混凝土配制强度（$f_{cu,o}$）相对应的水灰比。

（3）经试配确定配合比后，还需进行校正。

实验64 高黏度改性沥青的综合设计实验

一、实验目的

掌握高黏度改性沥青综合性能检测方法，如动力黏度测定，延伸度试验仪拉长一定长度后的可恢复变形的百分率（弹性恢复率）测定。

二、实验设备及器材

1.动力黏度实验

（1）真空减压毛细管黏度计：一组3支毛细管，通常采用美国沥青协会式（Asphalt ln-stitute，即 AI 式）毛细管测定，也可采用坎农曼宁式（Cannon-Manning，即 CM 式）或改进坎培式（Modified Koppers，即 MK 式）毛细管测定。

（2）温度计：50~100℃，分度为0.03℃，不得大于0.1℃。

（3）恒温水槽：硬玻璃制，其高度需使黏度计置入时，最高一条时间标线在液面下至少20mm，内设有加热和温度自动控制器，能使水温保持在实验温度±0.1℃，并有搅拌器及夹持设备。水槽中不同位置的温度差不得大于±0.1℃。保温装置的控温精密度宜达到 0.03℃。

（4）真空减压系统：应能使真空度达到40kPa±66.5Pa(300mmHg±0.5mmHg)的压力，各连接处不得漏气，以保证密闭，在开启毛细管减压阀进行测定时，应不产生水银柱降低情况。在开口端连接水银压力计，可读至133Pa（1mmHg）的刻度，用真空泵或抽气泵抽真空。

（5）秒表：2个，分度0.1s，总量程15min的误差不大于±0.05%。

（6）烘箱：有自动温度控制器。

（7）溶剂：三氯乙烯（化学纯）等。

（8）其他：洗液、蒸馏水等。

2.弹性恢复实验

（1）试模：采用延度实验所用试模，但中间部分换为直线侧模，如图64-1所示，制作的试件截面积为1cm。

（2）水槽：能保持规定的实验温度，变化不超过0.1℃。水槽的容积不小于10L，高度应满足试件浸没深度不小于10cm，离水槽底部不少于5cm的要求。

（3）延伸度试验仪：同实验54。

（4）温度计：符合延度实验的要求。

（5）剪刀。

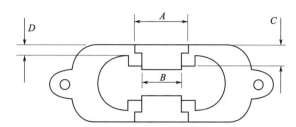

图 64-1 弹性恢复实验用直线延度试模

$A=36.5mm\pm0.1mm$；$B=30mm\pm0.1mm$；

$C=17mm\pm0.1mm$；$D=10mm\pm0.1mm$

三、实验内容和步骤

1.动力黏度实验

（1）估计试样的黏度，根据试样流经规定体积的时间在 60s 以上，来选择真空减压毛细管黏度计的型号。将真空减压毛细管黏度计用三氯乙烯等溶剂洗涤干净。如黏度计粘有油污，可用洗液、蒸馏水等仔细洗涤。洗涤后置烘箱中烘干或用通过棉花的热空气吹干。

（2）准备沥青试样，将脱水过筛的试样仔细加热至充分流动状态。在加热时，予以适当搅拌，以保证加热均匀。然后将试样倾入另一个便于灌入毛细管的小盛样器中，数量约为 50mL，并用盖盖好。将水槽加热，并调节恒温在 60℃±0.1℃范围之内，温度计应预先校验。将选用的真空减压毛细管黏度计和试样置烘箱（135℃±5℃）中加热 30min。

（3）将加热好的黏度计置于一个容器中，然后将热沥青试样自装料管 A 注入毛细管黏度计，试样应不致黏在管壁上，并使试样液面在真空减压毛细管黏度计的 E 标线处±2mm 之内。将装好试样的毛细管黏度计放回电烘箱（135℃±5.5℃）中，保温 10min±2min，以使管中试样所产生的气泡逸出。

（4）从烘箱中取出 3 支毛细管黏度计，在室温条件下冷却 2min 后，安装在保持实验温度的恒温水槽中，其位置应使工标线在水槽液面以下至少为 20mm。自烘箱中取出黏度计，至装好放入恒温水槽的操作时间应控制在 5min 之内。

（5）将真空系统与黏度计连接，关闭活塞或阀门。开动真空泵或抽气泵，使真空度达到 40kPa±66.7Pa(300mmHg±0.5mmHg)。黏度计在恒温水槽中保持 30min 后，打开连接的减压系统阀门，当试样吸到第一标线时同时开动两个秒表，测定通过连续的一对标线的间隔时间，准确至 0.1s，记录第一个超过 60s 的标线符号及间隔时间。按此方法对另两支黏度计作平行实验。

（6）实验结束后，从恒温水槽中取出毛细管，按下列顺序进行清洗：

① 将毛细管倒置于适当大小的烧杯中，放入预热至 135℃的烘箱中约 0.5～1h，使毛细管中的沥青充分流出，但时间不能太长，以免沥青烘焦附在管中。

② 从烘箱中取出烧杯及毛细管，迅速用洁净棉纱轻轻地把毛细管口周围的沥青擦净。

③ 从试样管口注入三氯乙烯溶剂，然后用吸耳球对准毛细管上口抽吸，沥青渐渐被溶解，从毛细管口吸出，进入吸耳球。反复几次，直至注入的三氯乙烯抽出时为清澈透明为止。最后用蒸馏水洗净、烘干、收藏备用。

（7）注意事项：

① 一次实验的 3 支黏度计平行实验结果的误差应不大于平均值的 7%，否则，应重新实验。符合此要求时，取 3 支黏度计测定结果的平均值作为沥青动力黏度的测定值。

② 重复性实验的允许差为平均值的 7%；再现性实验的允许差为平均值的 10%。

2. 弹性恢复实验

（1）按沥青延度实验方法浇灌改性沥青试样，制模，最后将试样在 25℃ 水槽中保温 1.5h。

（2）将试样安装在滑板上，按延度实验方法以规定的 5cm/min 的速率拉伸试样达 10cm ±0.25cm 时停止拉伸。

（3）拉伸一停止就立即用剪刀在中间将沥青试样剪断，保持试样在水中 1h，并保持水温不变。注意在停止拉伸后至剪断试样之间不得有时间间歇，以免使拉伸应力松弛。

（4）取下两个半截的回缩的沥青试样轻轻捋直，但不得施加拉力，移动滑板使改性沥青试样的尖端刚好接触，测量试件的残留长度为 X。

四、数据记录

（1）动力黏度数据记录表见表 64-1。

表 64-1　动力黏度数据记录表

组别	$K/[(Pa \cdot s)/s]$	t/s	$\eta/(Pa \cdot s)$
Ⅰ			
Ⅱ			
Ⅲ			

注：具体计算公式见实验数据处理。

（2）弹性恢复数据记录表见表 64-2。

表 64-2　弹性恢复数据记录表

组别	X/cm	$D/\%$
Ⅰ		
Ⅱ		
Ⅲ		

注：具体计算公式见实验数据处理。

五、实验数据及处理

1. 动力黏度实验

沥青试样的动力黏度按 $\eta = K \times t$ 计算。式中，η 为沥青试样在测定温度下的动力黏度，Pa·s；K 为选择的第一对超过 60s 的标线间的黏度计常数，(Pa·s)/s；t 为通过第一对超过 60s 标线的时间间隔，s。

2. 弹性恢复实验

按 $D = (10-X) \times 100/10$ 计算弹性恢复率。式中，D 为试样的弹性恢复率，%；X 为

试样的残留长度，cm。

六、思考题

（1）讨论实验过程中有哪些因素可能影响实验结果。

（2）结合本实验分析动力黏度与弹性恢复率之间的联系。

实验65 多孔沥青混合料配合比设计实验

一、实验目的

确定集料、沥青、空隙的比例，获得符合设计、经济的多孔沥青混合料。

二、实验内容及要求

1. 一般规定

多孔沥青路面（OGFC）混合料配合比设计宜按图 65-1 流程图的步骤进行，生产配合比设计参照此方法进行。

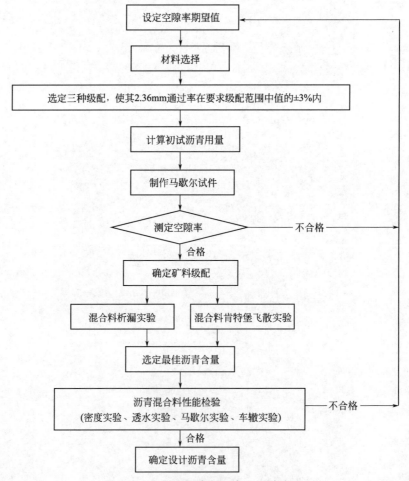

图 65-1　OGFC 混合料配合比设计流程

OGFC混合料的配合比设计采用马歇尔试件的体积设计方法进行,并以空隙率作为配合比设计的主要指标。配合比设计指标应符合《公路沥青路面施工技术规范》(JTG F40—2004)的技术标准,其检验方法按现行《公路工程沥青及沥青混合料试验规程》(JTG E20—2011)规定的方法执行。

OGFC混合料配合比设计后必须对设计沥青用量进行析漏实验及飞散实验,并对OGFC混合料进行高温抗车辙稳定性、水稳定性等检验,其检验指标应符合规定表65-1的技术要求。

表65-1 OGFC混合料技术要求

实验项目	单位	技术要求
析漏损失	%	≤0.3
肯特堡飞散损失	%	≤20
空隙率	%	18~25
渗水系数	mL/min	实测
马歇尔稳定度	kN	≥3.5
车辙实验动稳定度	次/mm	≥1500(一般交通路段) ≥3000(重交通路段)

2. 材料选择

用于OGFC混合料的粗集料应采用质地坚硬、表面粗糙、形状接近立方体、有良好的嵌挤能力的破碎集料;用于OGFC混合料的细集料宜选用机制砂,如使用石屑时,宜采用与沥青黏附性好的石灰岩石屑,且不得含有泥土、杂物,与天然砂混用时,天然砂的用量不宜超过机制砂或石屑的用量。OGFC混合料宜在使用石粉的同时掺用消石灰、纤维等添加剂,石粉必须是由石灰石等碱性岩石磨细的矿粉。用于OGFC的沥青结合料宜采用质量符合表65-2技术要求的高黏度改性沥青,当实践证明采用普通改性沥青或纤维稳定剂后其能符合当地使用条件时也可使用。

表65-2 高黏度改性沥青的技术要求

实验项目	单位	技术要求
针入度(25℃,100g,5s)	0.1mm	≥40
软化点($T_{R\&B}$)	℃	≥80
延度(15℃)	cm	≥50
闪点	℃	≥260
薄膜加热实验(TFOT)质量损失	%	≤0.6
黏韧性(25℃)	N·m	≥20
韧性(25℃)	N·m	≥15
60℃黏度	Pa·s	≥20000

3. 确定设计矿料级配和沥青用量

按现行《公路工程集料试验规程》(JTG E42—2005)规定的方法精确测定各种原材料的相对密度,其中4.75mm以上的粗集料为毛体积相对密度,4.75mm以下的细集料及矿粉为表观相对密度。

参考同类工程的成功经验，根据设计层厚选用合适规格的集料，试配 3 组不同 2.36mm 通过率的矿料级配作初选级配，见表 65-3。

表 65-3　OGFC 标准级配范围

级配类型		通过下列筛孔的质量分数/%										
		19mm	16mm	13.2mm	9.5mm	4.75mm	2.36mm	1.18mm	0.6mm	0.3mm	0.15mm	0.075mm
中粒式	OGFC-16	100	90～100	70～90	45～70	12～30	10～22	6～18	4～15	3～12	3～8	2～6
细粒式	OGFC-13		100	90～100	60～80	12～30	10～22	6～18	4～15	3～12	3～8	2～6
	OGFC-10			100	90～100	50～70	10～22	6～18	4～15	3～12	3～8	2～6

对每一组初选的矿料级配，根据集料的表面积与希望沥青膜厚度，按 $P_b = h \times A$ 计算每一组级配混合料的初试沥青用量。式中，P_b 为初试沥青混合料中的沥青含量，%；h 为混合料表面沥青膜厚度，μm，通常情况下，OGFC 的沥青膜厚度宜为 $14\mu m$；A 为集料的总的表面积，mm^2，按 $A = (2 + 0.02a + 0.04b + 0.08c + 0.14d + 0.3e + 0.6f + 1.6g) \div 48.74$，$a$、$b$、$c$、$d$、$e$、$f$、$g$ 分别代表 4.75mm、2.36mm、1.18mm、0.6mm、0.3mm、0.15mm、0.075mm 筛孔的通过率（%）。双面击实 50 次制作马歇尔试件，用体积法计算试件的空隙率。OGFC 的沥青用量设计不得采用马歇尔法，应采用析漏与飞散实验综合法。

按图 65-2 中的方法，以油石比或沥青用量为横坐标，以析漏损失、飞散损失以及空隙

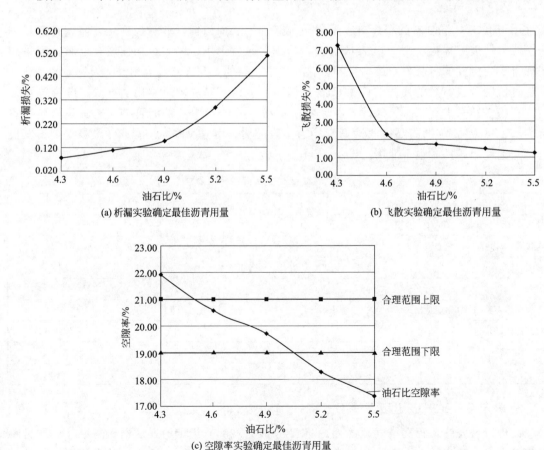

(a) 析漏实验确定最佳沥青用量　　(b) 飞散实验确定最佳沥青用量

(c) 空隙率实验确定最佳沥青用量

图 65-2　最佳沥青用量确定过程示例图

率为纵坐标，将实验结果作图，连成圆滑曲线。以沥青析漏实验的拐点作为最大沥青用量（OAC_{max}），以保证 OGFC 混合料的耐久性。

以图 65-2 为例，沥青析漏实验的拐点在油石比为 4.9% 处，即沥青最大用量 $OAC_{max}=4.9\%$，沥青混合料飞散损失的拐点在油石比为 4.6% 处，即沥青最小用量 $OAC_{min}=4.6\%$，范围内各项指标均满足设计要求，故 $OAC=(OAC_{max}+OAC_{min})/2=4.7\%$。

三、实验数据分析

根据实验步骤完成配合比设计，出具配合比实验报告。

四、思考题

（1）分析实验过程中有哪些因素可能影响配合比结果。

（2）沥青混合料的矿料间隙率与沥青用料之间一般具有怎样的曲线关系？设计的最佳沥青用量应该在曲线的什么位置为宜？

实验66 多孔沥青混合料性能实验

沥青混合料渗水实验

一、实验目的

掌握测定碾压成型的沥青混合料试件的渗水系数方法，以检验沥青混合料的配合比设计。

二、实验设备及器材

(1) 路面渗水仪：上部盛水量筒由透明有机玻璃制成，容积 600mL，量筒上有刻度，在 100mL 及 500mL 处有粗标线，下方通过 10mm 的细管与底座相接，中间有一开关。量筒通过支架联结，底座下方开口内径 150mm，外径 165mm，仪器附铁圈压重块两个，每个质量约 5kg，内径 160mm。

(2) 水桶及大漏斗。

(3) 秒表。

(4) 密封材料：黄油、玻璃腻子、油灰或橡皮泥等，也可采用其他任何能起到密封作用的材料。

(5) 接水容器。

(6) 其他：水、红墨水、粉笔、扫帚等。

三、实验内容和步骤

1. 准备工作

(1) 在洁净的水桶内滴入几滴红墨水，使水成淡红色。组合装妥路面渗水仪。

(2) 轮碾法制作沥青混合料试件，试件尺寸为 300mm×300mm×50mm，脱模，揭去成型试件时垫在表面的纸。

2. 实验步骤

(1) 将试件放置于坚实的平面上，在试件表面沿渗水仪底座圆圈位置抹一薄层密封材料，边涂边用手压紧，使密封材料嵌满试件表面混合料的缝隙，且牢固地粘接在试件上，密封料圈的内径与底座内径相同，约 150mm。将路面渗水仪底座用力压在试件密封材料圈上，再加上铁圈压重块压住仪器底座，以防压力水从底座与试件表面间流出。

(2) 用适当的垫块如混凝土试件或木块在左右两侧架起试件，试件下方放置一个接水容器。关闭渗水仪细管下方的开关，向仪器的上方量筒中注入淡红色的水至满，总量为 600mL。

（3）迅速将开关全部打开，水开始从细管下部流出，待水面下降 100mL 时，立即开动秒表，每间隔 60s，读记仪器管的刻度，直至水面下降至 500mL 时为止。测试过程中，应观察渗水的情况，正常情况下水应该通过混合料内部空隙从试件的反面及四周渗出，如水是从底座与密封材料间渗出，说明底座与试件密封不好，应另采用干燥试件重新操作。如水面下降速度很慢，从水面下降至 100mL 开始，测得 3min 的渗水量即可停止。若实验时水面下降至一定程度后基本保持不动，说明试件基本不透水或根本不透水，需在报告中注明。

（4）按以上步骤对同一种材料制作 3 块试件测定渗水系数，取其平均值，作为检测结果。

四、实验数据处理

（1）沥青混合料试件的渗水系数按式（66-1）计算，计算时以水面从 100mL 下降至 500mL 所需的时间为标准，若渗水时间过长，亦可采用 3min 通过的水量计算。

$$C_w = \frac{V_2 - V_1}{t_2 - t_1} \times 60 \tag{66-1}$$

式中 C_w——沥青混合料试件的渗水系数，mL/min；

$\quad$ V_1——第一次读数时的水量（通常为 100mL），mL；

$\quad$ V_2——第二次读数时的水量（通常为 500mL），mL；

$\quad$ t_1——第一次读数时的时间，s；

$\quad$ t_2——第二次读数时的时间，s。

（2）逐点报告每个试件的渗水系数及 3 个试件的平均值。若路面不透水，应在报告中注明。

五、实验数据记录及结果计算

沥青混合料渗水实验数据记录见表 66-1。

表 66-1 沥青混合料渗水实验数据记录表

组别	V_1/mL	V_2/mL	t_1/s	t_2/s	C_w/mL·min⁻¹
Ⅰ					
Ⅱ					
Ⅲ					

沥青混合料谢伦堡析漏实验

一、实验目的

掌握沥青结合料在高温状态下从沥青混合料析出并沥干多余的游离沥青的数量检测方法，供检验沥青玛蹄脂碎石混合料（SMA）、排水式大空隙沥青混合料（OGFC）或沥青碎石类混合料的最大沥青用量使用。

二、实验设备及器材

(1) 小型沥青混合料拌和机或人工炒锅。

(2) 800mL 烧杯、天平、烘箱、玻璃板、手铲、棉纱等。

三、实验内容及步骤

(1) 根据实际使用的沥青混合料的配合比，对集料、矿粉、沥青、纤维稳定剂等用小型沥青混合料拌和机拌和。拌和时，纤维稳定剂应在加入粗细集料后加入，并适当干拌分散，再加入沥青拌和至均匀。每次只能拌和一个试件，对粗集料较多而沥青用量较少的混合料，用小型沥青混合料拌和机拌匀有困难时，也可以采用手工炒拌的方法。一组试件分别拌和 4 份，每 1 份是 1kg。第 1 锅拌和后废弃不用，使拌和锅或炒锅黏附一定量的沥青结合料，以免影响后面 3 锅油石比的准确性。当为施工质量检验时，直接从拌和机取样使用。

(2) 洗净烧杯，干燥，称取烧杯质量 m_0。

(3) 将拌和好的 1kg 混合料，倒入 800mL 烧杯中，称烧杯及混合料的总质量 m_1。

(4) 在烧杯上加玻璃板盖，放入 170℃±2℃（当为改性沥青 SMA 时，宜为 185℃）烘箱中，持续 60min±1min。

(5) 取出烧杯，不加任何冲击或振动，将混合料向下扣倒在玻璃板上，称取烧杯以及黏附在烧杯上的沥青结合料、细集料、玛蹄脂等的总质量 m_2，准确到 0.1g。

四、实验数据及处理

(1) 沥青析漏损失按式(66-2) 计算。

$$\Delta m = \frac{m_2 - m_0}{m_1 - m_0} \times 100\% \tag{66-2}$$

式中　m_0——烧杯质量，g；

　　　m_1——烧杯及实验用沥青混合料总质量，g；

　　　m_2——烧杯以及黏附在烧杯上的沥青结合料、细集料、玛蹄脂等的总质量，g；

　　　Δm——沥青析漏损失，%。

(2) 实验至少应平行实验 3 次，取平均值作为实验结果。

五、实验数据记录及结果计算

沥青混合料谢伦堡析漏实验数据记录见表 66-2。

表 66-2　沥青混合料谢伦堡析漏实验数据记录表

组别	m_0/g	m_1/g	m_2/g	Δm/%
I				
II				
III				

沥青混合料肯塔堡飞散实验

一、实验目的

（1）确定沥青路面表面层使用的沥青玛蹄脂碎石混合料（SMA）、排水式大空隙沥青混合料、抗滑表层混合料、沥青碎石或乳化沥青碎石混合料所需的最少沥青用量。

（2）评价沥青混合料的水稳性。

二、实验设备及器材

（1）沥青混合料马歇尔试件制作设备（同实验16）。

（2）洛杉矶磨耗试验机。

（3）恒温水槽：可控制恒温为20℃，控温准确度为0.5℃。

（4）烘箱：大、中型各一台，装有温度调节器。

（5）天平或电子秤：用于称量矿料的感量不大于0.5g，用于称量沥青的感量不大于0.1g。

（6）插刀或大螺丝刀。

（7）温度计：分度为1℃。

（8）电炉或煤气炉、沥青熔化锅、拌和铲、标准筛、滤纸（或普通纸）、胶布、卡尺、秒表、粉笔、棉纱。

三、实验内容及步骤

1. 准备工作

（1）根据实际使用的沥青混合料的配合比，成型马歇尔试件，除非另有要求，击实成型次数为双面各50次，试件尺寸应符合直径101.6mm±0.2mm、高63.5mm±1.3mm的要求，一组试件的数量不得少于4个。对粗集料较多而沥青用量较少的混合料，用小型沥青混合料拌和机拌匀有困难时，也可以采用手工炒拌的方法。拌和时应注意事先在拌和或炒锅中加入相当于拌和沥青混合料时在拌和锅内所黏附的沥青用量，以免影响油石比的准确性。

（2）量测试件的直径及高度，准确至0.1mm，尺寸不符合要求的试件应作废。

（3）测定试件的密度、空隙率、沥青体积分数、沥青饱和度、矿料间隙率等物理指标。

（4）将恒温水槽调节至要求的实验温度，标准飞散实验的实验温度为20℃±0.5℃，浸水飞散实验的实验温度为60℃±0.5℃。

2. 实验步骤

（1）将试件放入恒温水槽中养生。对标准飞散实验，在20℃±0.5℃恒温水槽中养生20h。对浸水飞散实验，先在60℃±0.5℃恒温水槽中养生48h，然后取出后在室温中放置24h。

（2）从恒温水槽中逐个取出试件，称取试件质量 m_0，准确至0.1g。

（3）立即将一个试件放入洛杉矶磨粒试验机中，不加钢球，盖紧盖子（一次只能实验一个试件）。开动洛杉矶磨粒试验机，以 30～33r/min 的速度旋转 300r。

（4）打开试验机盖子，取出试件及碎块，称取试件的残留质量。当试件已经粉碎时，称取最大一块残留试件的混合料质量 m_1。

（5）重复以上步骤，一种混合料的平行实验不少于 3 次。

四、实验数据处理

沥青混合料的飞散损失按式(66-3) 计算。

$$\Delta S = (m_0 - m_1) \times 100\% / m_0 \qquad (66\text{-}3)$$

式中　ΔS——沥青混合料的飞散损失，%；

　　　m_0——实验前试件的质量，g；

　　　m_1——实验后试件的残留质量，g。

五、实验数据记录及结果计算

沥青混合料肯塔堡飞散实验数据记录表见表 66-3。

表 66-3　沥青混合料肯塔堡飞散实验数据记录表

组别	m_0/g	m_1/g	ΔS/%
Ⅰ			
Ⅱ			
Ⅲ			

六、思考题

（1）分别讨论三个实验过程中有哪些因素可能影响结果。

（2）沥青混合料谢伦堡析漏实验中，拌和机拌和混合料（集料、矿粉、沥青、纤维稳定剂）的加料顺序是什么？

参 考 文 献

[1] 李标荣. 电子陶瓷工艺原理. 武汉：华中理工大学出版社，1986.

[2] 张锐，王海龙，许红亮. 陶瓷工艺学. 北京：化学工业出版社，2013.

[3] 李世普. 特种陶瓷工艺学. 武汉：武汉理工大学出版社，2007.

[4] 郝虎在. 电子陶瓷材料物理. 北京：中国铁道出版社，2002.

[5] 孙目. 电介质物理基础. 广州：华南理工大学出版社，2010.

[6] 张金升. 沥青及沥青混合料实验教程. 哈尔滨：哈尔滨工业大学出版社，2015.

[7] 李立寒，张南鹭，孙大权，等. 道路工程材料. 北京：人民交通出版社，2013.

[8] 王涛，赵淑金. 无机非金属材料实验. 北京：化学工业出版社，2011.

[9] 林宗寿. 无机非金属材料工学. 武汉：武汉理工大学出版社，2013.

[10] 王瑞生. 无机非金属材料实验教程. 北京：冶金工业出版社，2004.

[11] 周永强，吴泽，孙国忠. 无机非金属材料专业实验. 哈尔滨：哈尔滨工业大学出版社，2002.

[12] 高里存，任耘. 无机非金属材料实验技术. 北京：冶金工业出版社，2007.

[13] 徐恩霞. 无机非金属材料工艺实验. 呼和浩特：内蒙古人民出版社，2001.

[14] 曲远方. 无机非金属材料专业试验. 天津：天津大学出版社，2003.

[15] 林宗寿. 无机非金属材料工学. 武汉：武汉理工大学出版社，2013.

[16] 伍洪标，谢俊林，冯小平. 无机非金属材料实验. 2 版. 北京：化学工业出版社，2014：366-368.

[17] 宋晓岚，金胜明，卢清华. 无机材料专业实验. 1 版. 北京：冶金工业出版社，2013：315-321.

[18] 马小娥. 材料实验与测试技术. 北京：中国电力出版社，2008.

[19] 陈威. 温度稳定型钛酸锶钡基弛豫铁电陶瓷介电性能的研究. 武汉：湖北大学，2013 年.

[20] 陈威，曹万强. 弛豫铁电体弥散相变的玻璃化特性研究. 物理学报，2012，61（9）.

[21] 方丹华. $CaTiO_3$-$LaAlO_3$ 微波介质陶瓷的制备与介电性能研究. 武汉：湖北大学，2014 年.

[22] JTG E20—2011. 公路工程沥青及沥青混合料实验规程.

[23] JC/T 603—2004. 水泥胶砂干缩试验方法.

[24] JC/T 681—2005. 行星式水泥胶砂搅拌机.

[25] GB/T 8074—2008. 水泥比表面积测定方法 勃氏法.

[26] JC/T 956—2014. 勃氏透气仪.

[27] GB/T 50081—2002. 普通混凝土力学性能试验方法标准.

[28] GB/T 50080—2016. 普通混凝土拌合物性能试验方法标准.

[29] GB/T 1346—2011 水泥标准稠度用水量、凝结时间、安定性检验方法.

[30] JC/T 955—2005. 水泥安定性试验用沸煮箱.

[31] GB/T 2419—2005. 水泥胶砂流动度测定方法.

[32] GB/T 17671—1999. 水泥胶砂强度检验方法（ISO 法）.

[33] JC/T 726—2005. 水泥胶砂试模.

[34] JC/T 682—2005. 水泥胶砂试体成型振实台.